# 增長的
# 策略地圖

畫好「增長五線」————
面對未知，企業的進取與撤退經營邏輯

王賽 博士————著

U0043967

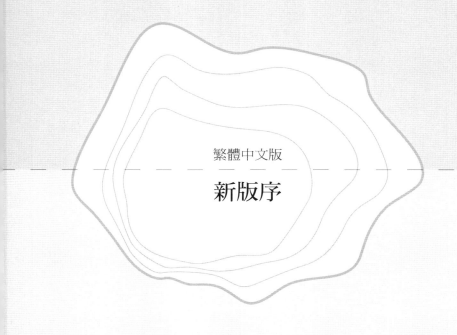

繁體中文版

# 新版序

　　非常開心亦非常榮幸，我在增長戰略領域的作品《增長的策略地圖》在臺灣再版。

　　這本書發行五年以來，我在諸多世界頂級商學院（包括巴黎HEC、長江商學院、香港大學經濟與工商管理學院、新加坡國立大學商學院、清華大學經濟與管理學院等）教述這本書的內容，講解增長五線的方法論，同時以本書的原理為基礎，出任過海爾集團、中航國際、小米公司、華潤、OPPO、Hellotalk、小紅書、字節跳動的增長戰略顧問，我深知好理論（Good theory）既要能夠通達原理，亦需緊扣企業真實的決策場景，必須有那種深度、力度、厚度

以及鮮活度。從收到商學院學生和諮詢客戶的回饋，我感覺自己正在不斷接近那個疆域。

這本書的核心是「增長五線」，它極度理性地反映出企業在業務層面的增長設計，包括撤退線、成長底線、增長線、爆發線以及天際線，它的核心是剖析企業業務如何最佳組合，以這個視角能夠看出一家企業在業務佈局的「攻守道」。五線相當於CEO增長戰略的「棋局」，不同公司在五線上的佈局，就構成不同的增長態勢和價值，和圍棋一樣，先構局、再落子。這種結構主義的風格，是我深受麥肯錫歷史上的靈魂人物馬文·鮑爾（Marvin Bower）的影響，他也是管理諮詢行業的教父級人物，在20世紀60年代提出麥肯錫業務的核心是「結構諮詢」，而可惜的是，這種思想的鋒芒現在已被戰略諮詢行業所遺忘。

好商業原理，亦需要好的印證。自從這本書發行以來，我在公開媒體上發表多篇以增長五線的結構思維內核所剖析與預測的公司文章，我預測過當時在納斯達克上市的瑞幸咖啡存在危機，剖析過OYO（印度連鎖飯店品牌）在

大陸市場所碰到護城河丟失的問題、預測過Wework是一個巨大的泡沫肯定會爆破、剖析過Uber為什麼沒有達成預期市值，也分析過小米最大的資產是用戶資產可以延伸到其他領域……五年後再看這些預測，小李飛刀全無虛發。我一直相信社會心理學之父勒溫（Kurt Lewin）的話──「沒有什麼比一個出色的理論更加實用」。

　　臺灣市場更多的是中小型企業，然而其面對增長的原理我認為是一樣的。今天企業界有一句名言──「企業策略要從不確定中找到確定」，這句名言的始作俑者其實是我，然而媒體記者最開始轉錄我這句話時，只採用了半句，其實還有下半句──「企業策略亦要從確定中重新開出不確定」。今天面對市場，企業如果全部不確定，沒有價值；但是企業如果發展全部確定化，一眼看不到變化，亦難有高的價值。所以真正的好策略是──「先從不確定中找到確定，再從確定中重新開出不確定」，而這種「確定VS不確定＝」的融合正是「增長五線」的精髓。在五線中，撤退線、成長底線、增長線就是在找「確定」，而爆發線以及天際線卻是在重新開出「不確定」。很多業界朋友看我的書

時，發現背後有一種中國哲學的靈魂，對於我而言，我一直覺得理論融合，才能開出新花朵；西方的戰略、行銷思想是建立在理性結構之上的（所以菲利浦科特勒說行銷是應用經濟學），而中國傳統思想是建立在極高的洞見智慧之上的，易經中很多卦象反映一種態勢，比如「見龍再田」，「飛龍在天」，比如《孫子兵法》講「一戰而勝」，講「先勝後戰」，其實中西可通可互釋，只是西方理論表達成一種結構，中國思想表現成一種「修行與悟道」，兩者是可以融合來貫通的，這本書希望做到這種道法合一、體用合一、知行合一。

最後，特別感謝鄭俊平先生一直以來的支持，再次感謝老友前Intel臺灣總裁陳朝益先生當年的引薦，亦由衷感謝臺灣的讀者們。因為你們，這本書才有可能重印，這是對一位作者最大的回饋與鞭策。

賽

2024.4.3

王賽博士的新書為企業描繪出一張實現業務增長的路徑藍圖,「增長五線」向企業的領導者揭示出帶領企業邁向持續成長的增長路徑。

———— 鄧學勤,正中投資集團董事長

邏輯綿密,充滿洞見,極強的可操作性!反覆研讀著書稿,長期思考中的公司數位化轉型發展圖景突然清晰起來。此書是所有面向未來轉型發展企業執行長們的必讀之書。

———— 吳光權,航空工業通飛 董事長

當基本常識成為企業發展的稀有之物的時候,這本書經典的再現了什麼才是增長的基本常識。

———— 袁信成,原TCL集團股份有限公司營運長

王賽先生用「增長五線」將杜拉克關於企業兩大基本職能「行銷」和「創新」的結合狀態刻劃出來,在我看,也可以理解為企業的「營創五態」。

———— 蔣青雲,復旦大學行銷系主任／教授

大至國家、小至個人，都在計算自己的增長空間，增長需求無處不在。作為中國國內首屈一指的行銷策略思想者和實踐者，王賽博士的「增長五線」可以幫助你在不同階段制定出更有效且實用的增長策略。

———柯洲，內容共享平台「筆記俠」創始人／CEO

此書為創新者和傳統企業描繪出一幅可視化的增長藍圖和堅實的落實路徑。

———吳霽虹，AI Business Lab／人工智能商業化實驗室聯合創始人，科大訊飛首席策略顧問

繁體中文版序

# 增長是行銷的使命

　　很開心亦無比榮幸，由原英特爾中國區總經理陳朝益先生的引介，讓大家看到這本我原本取名為《增長五線》的著作的繁體中文版在臺問世。

　　我的導師，行銷學之父菲利普・科特勒（Phillip Kotler）經常對我說，行銷是拉動企業增長的第一武器。無論對於千億規模的大型企業，抑或是中小型企業，只要能積極保持增長，其他問題都可以在發展中解決，增長是企業家所有經營語境中最重要的話題。

　　在本書中，我把增長歸納為「增長五線」，包括撤退線、成長底線、增長線、爆發線以及天際線。對於不同規模的企業，關注的線可能完全不一樣，大型企業關注後三根線，而創新型的公司要存

活，首先關注的是成長底線，按照著名投資者巴菲特的說法來講，就是要形成「業務護城河」。已故的臺灣前首富王永慶先生早年就是構建「成長底線」的高手，他經營的米店的行銷模式把「坐商」變成了「行商」，通過對客戶進行數據分析，主動送貨上門，構建與客戶持續交易的基礎。當然，撤退線也是中小企業關注的要點，當經濟收縮時，可以有效的對業務進行精簡，以保持敏捷的動力。如今全球經濟進入了一個低增長的時代，但是由於數位化的介入，企業存在「彎道超車」的機會，很多小型企業，包括書中提到的抖音、小紅書、龍騰出行等，他們都在利用新技術的賦能構建自己的「爆發線」，三到五年變成行業的巨頭，這對於臺灣市場的新興企業有著積極的借鑒意義。當然，增長線和天際線的佈局亦尤需重視，它展示出企業的增長前景和天花板的高低，這五根線非常適用於今天的企業去系統設計自己的增長。

我的事業生涯離不開科特勒，由於看到新興市場的增長，2004年科特勒在中國建立諮詢分支，我2005年進入行銷戰略諮詢行業至今已超過十三年，

一直都在科特勒門下。我此生有幸，在行銷學之父的指導下，去設計他眼中的行銷。科特勒先生是一個持續學習和關愛他人的人，他在外旅行每天必帶一張白紙，紀錄下他的洞察與感悟，晚上把這些心得輸入電腦中，八十多歲來中國的時候上午在「寶鋼」公司演講，下午就要我帶他去上海博物館看青銅器。有一次應「騰訊」邀請到北京，第二天他需要早上四點出發去飛緬甸，我怕睡過頭，於是凌晨三點就在飯店樓下等他，他三點半下樓，非常驚訝，給我說「賽，你是第一個這麼早等我，而不是讓我等的人」，大師之大，必先厚德載物，我想這也是他六十多年事業生涯直擊「天際線」的原因。

　　和科特勒一起，我們一起服務過大型的跨國公司、也服務過中小型成長企業，市場行銷的魅力，在於讓企業的價值實現成為可能。在科特勒先生對我的耳提面命下，我幫助中國平安集團實現跨業經營集團的轉型，助力成為中國大陸最大的金融集團；幫助雪花啤酒建立品牌，至今銷量達到400億人民幣；也幫助小型企業龍騰出行設計增長模式，使其彎道超車成

為全球最大的機場貴賓服務商，一舉登陸資本市場。科特勒對我說，行銷不是一種兜售商品的學問，也不是一個簡單的品牌傳播，而是一種基於市場增長的哲學。

在今天經濟震盪並混沌的狀態下，增長的話題在全球浮現，我基於科特勒理論在企業市場實踐的鮮活經驗，與多位CEO進行商討、應用和反饋更新，形成了現在您手上的這本書，祝福臺灣的讀者能通過本書找到適合自己的增長地圖，獲得商業的成功與事業的成長，可望本書可以帶給臺灣企業的策略參與者們，在當前充滿挑戰的經營環境下逆勢前進。

願他山之石，可以攻玉。

王賽 博士
科特勒諮詢管理合夥人

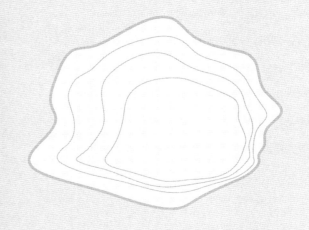

推薦序

# 市場增長的魅力

MarkPlus 行銷諮詢公司創辦人兼執行長
赫曼溫・卡塔加雅（Hermawan Kartajaya）

　　我是行銷之父菲利普・科特勒《行銷4.0：新虛實融合時代贏得顧客的全思維》一書的合著者，在全球範圍內與科特勒合著超過八本著作，而王賽博士正好是這本書中國簡體版譯者。與行銷的共同的信仰，以及對科特勒的尊崇與合作，讓我們彼此連接。

　　我們都更願意把菲利普・科特勒的行銷，看成一種市場導向型策略，而這種策略的核心就是市場增長。我與科特勒把行銷分為1.0，2.0，3.0以及4.0。簡單來說，行銷1.0就是以產品為中心的行銷，解決企業如何實現更好的「交易」；行銷2.0是以消費者為導向的行銷，以品牌為核心去塑造增長；行銷3.0是以價值觀驅動的行銷，用共享價值驅動增長；而行銷4.0以大數據、社群、價值觀行銷為基礎，實現客戶終生價值的挖掘，以帶動企業可持續性業務的

增長。

　　而王博士在行銷之外開出了一條市場增長策略的路徑，在書中，他把增長歸納為「增長五線」，包括撤退線、成長底線、增長線、爆發線以及天際線。市場行銷的魅力，在於讓企業實現價值的可能，增長的魅力，在於讓CEO們看到價值實現的區間，在這個區間的震幅內，有企業的願景、策略意圖、行銷手段、客戶價值的計算，以及公司策略的設計，這些路徑，被王博士融合進一個稱為「增長五線」的新領地之中，我佩服他的野心，也欣賞他的功底。

　　在這個全球經濟進入混沌的時空下，看清企業如何增長已經是所有CEO和高階三管的必備議事日程，這本書有恰逢其時的重要意義，亦具有理論原創的魅力，也結合了全球和亞洲尤其是中國市場的新一代新興領軍企業的增長實踐，有深度、有廣度、也有鮮度，很高興看到王博士這本書，更高興看到新一代諮詢顧問在中國的成長，這就是市場增長的魅力，無論是理論，還是實踐。

　　再次祝賀王博士新書的出版。

推薦序
**❷**

# 天際增長的機遇

企業高管教練／香港大學 SPACE 中國商學院特聘教練講師／
前英特爾臺灣區總經理
## 陳朝益

　　王賽博士是我在數位化行銷領域的啟蒙導師，他的前著《首席增長官：由 CMO 到 CGO》一書大大的震撼了我，也幫助我開始進入 CGO（增長官，Chief Growth Officer）的時代，用 CGO 的思維來實踐經營和領導。

　　當我最近收到王賽博士的這部新作《增長的策略地圖》，書中再度震撼了我的不是增長也不是撤退，它們是經營者的基本功，而是討論「天際線」的主題，這是我和它的第二次邂逅。在 1980 年代中旬，我時任英特爾臺灣區總經理，那正是個人電腦開始萌芽的時代，我感受到臺灣電腦產業的機遇是「我們能設計和生產多好的 PC 產品，我們的增長就會有多高，沒有天際」，那時我看見藍天白雲，心中豪情萬丈。今天我們因為互聯網，大數據，人工智能…等

新科技的發展，我知道我們又要和「天際增長」相遇。

　　不過，企業經營不只要懂得加法，更需要做減法，「撤退」策略是企業經營的年度大事，那些產品或是服務可以被取代整合，被放下或是捨棄；「成長線」是企業不敗的底線，「增長線」則是目前許多經營者的專長，「資源優化，商業模式和策略的更新，強化經營績效」，只要用心就可以看得見成果，但是它還無法保證企業的成功和永續，有一家企業老董的一段話深深烙印在我心頭：「我擊敗了所有的對手，但是我卻被時代打敗了」，好似諾基亞前CEO在2011年下臺時，他說，「我們並沒有做錯什麼，但是我們失敗了」，在過去這段歷史，我們學習到什麼呢？王博士這本書提出了答案，「爆發」和「天際」對企業是答案也是挑戰。

　　「爆發」來自外部的機遇，更靠自身的努力和實力，它來自「創新」後的「行銷」成為「潮品」，我們身邊有許多成功的案例，這還都是在本業內的經營。

　　一流的企業靠「使命驅動」，其次是「願景驅動」，再其次是「目標激勵驅動」，最後才是「薪酬驅

動」，要達成「天際增長」需要有「使命驅動」型的領導和團隊，願景會改變，薪酬和激勵會無感，唯有「使命」或是「意義」會讓人熱情沸騰，忘時忘我忘回報，以下這些企業的使命宣言曾讓我感動：「讓天下沒有難做的生意，讓教育生動起來，科學好好玩」，它有著無限的開創空間，它需要更多看得見的人，我稱他們為「自燃人」——自願主動積極的投入，無怨無悔，就是這股力量和智慧，只要有好的領導人和團隊，這機遇就會成真。

　　王博士的新書來的正是時候，他將引導著我們穩住「增長線」快速走進「爆發，天際」線領域，昨日的優勢擋不住明日的趨勢，這是「數位行銷」的時代，也是個關鍵轉折點，我們不能錯過。

# 目錄

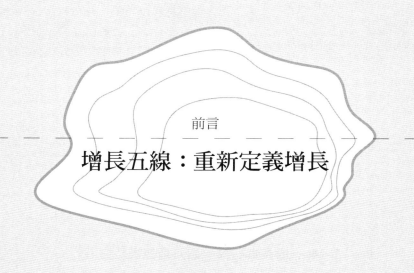

前言

# 增長五線：重新定義增長

　　「增長」一詞從沒有像今天這樣成為中國乃至全球企業家關注的核心。2018年10月8日，這一年度的諾貝爾經濟學獎塵埃落定，最終由美國著名經濟學家威廉・諾德豪斯（William D. Nordhaus）和保羅・羅默（Paul M. Romer）共享。一位中國大陸的經濟學人巴曙松教授稱，如果說這屆兩位諾獎得主背後有統一的主題，那應是「增長」。也是在2018年，騰訊用大數據技術抓取出中國大陸企業界最熱的詞語，無出意料，亦為「增長」。當然，總體經濟的增長結構與企業的微觀性增長動力有很大區別，但是，「增長」一詞的浮現，凸顯出其對經濟界與企業界毋庸置疑的現實意義。今天我們看到的熱門管理學詞彙，比如數位化轉型、企業AI化、顛覆式創新、大爆炸發展等，與其說是問題導向的舉措，不如說是一種新態

勢下的升級手段。而正如工具理性總是要讓渡於價值理性，手段也必須指向目的才具備意義與意思，那麼「增長」，則成了上述一切策略的根本目的和決策底牌。

　　既然「增長」被提出來，也有如此多專家在談增長，那究竟什麼是「增長」？模糊的語言只能反應模糊的大腦，杜絕模糊的最好方式則是從問題出發。策略大師理查德・魯梅爾特（Richard Rumelt）在暢銷著作《好策略，壞策略》（Good Strategy/Bad Strategy）中說，也許沒有企業家會否認自己不擁有策略，但是這樣的策略卻未必是好的策略。在今天這個滿街談「增長」的時代，什麼是真正的增長、什麼是好的增長、什麼是企業家們需要的增長，這些問題的答案變得彌足珍貴。毫不客氣地講，今天市場上大量的增長理論，大都討論不是企業家層面的增長，難以解渴。

　　菲利普・科特勒曾對我說，每一代人都需要新的革命。這也是他從研究新古典經濟學轉到開創現代行銷學的動因。而在我看來，今天的行銷、策略亦需要再次革命，策略規劃在今天這個充滿不確定性的時

代幾乎淪為「策略鬼話」，行銷在實踐中亦淪為流量拓客與媒體傳播，這背後很重要的原因在於兩者遠離企業家和CEO們的終極需求。但是策略和行銷集合形成的市場增長策略似乎可以解決這個尷尬，用市場增長的大腦讓策略「拆得開、落得下」，讓行銷「上得去、拉得開」。於是我意識到，在經典的競爭策略話語與傳統的市場行銷體系之間，似乎可以構建出叫做「市場增長學」的新建築。

在本書中我試圖拋出增長理論的整體框架，我首先在書中提出了一個增長公式，它可以表述為：企業增長區＝總體經濟增長的紅利＋產業增長紅利＋模式增長紅利＋營運增長紅利。根據這個公式，我們會發現不同的企業，構建增長的區間存在差異。我們可以用這個增長公式去回答「什麼叫真正的增長」，即你的企業增長是依托於總體經濟、中觀模式抑或是微觀營運？

而更重要的是回答「什麼是好的增長」。我們把企業增長的態勢構建出五根線，我稱其為「增長五線」，它們分別是：撤退線、成長底線、增長線、爆

發線和天際線。一家企業，或者說企業的某一項業務，如果處於不同線上，增長的方式會完全不一樣，「好的增長」應該告訴公司的決策層，在線上如何佈局與進退：

第一根線叫做「撤退線」，即收縮線，講的是企業如何做有價值的撤退。我把它定義為「企業或業務在增長路徑上找到最好的出售、去除、轉進的價值點，進行撤退」，撤退的方式有很多，比如今天我們看到「摩拜」撤退委身給「美團」、「餓了嗎」撤退賣給「阿里」等。如果企業沒有撤退線的考慮，在業務態勢衰退之時，公司或業務價值也許就錯過了最佳兌現時間；

第二根線叫做「成長底線」，成長底線可以堪稱是「公司或者業務發展的生命線」，也稱「增長基石」。這條線可以保護你的企業或業務的生死，為你向其他領域擴張提供基礎的養分。在有底線鞏固的情境中增加擴張路徑是很多企業良性增長的基礎。在本書中我給出了底線構建的三條核心策略，它們是控制策略咽喉、構建業務護城河和建立客戶資產；

　　第三根線叫做「增長線」，我把它定義為「企業從現有資源和能力出發所能找到業務增長點的一切總和」，比如可以找到哪些利潤區、利潤區怎麼擴張——是擴展新產品，還是擴展新客戶，還是擴展新區域？……這些增長線要窮盡所有增長可能，形成後面我提出的「增長地圖」，在書中我以真實的案例進行切入，去闡釋如何設計增長地圖；

　　第四根線叫做「爆發線」，爆發線指的是增長路徑中可以讓你業務短期內呈現指數級增長的線。如果說增長線的增長設計是線性的，那爆發線要的就是指數級的。在書中，我把爆發線背後的基因如數位化、社交因子以及風投資本等一一進行呈現；

　　最後一根線叫做「天際線」，天際線決定了企業價值的天花板在哪兒，實際上也決定了企業能跑多遠。企業的天際線反映出企業估值或者企業價值的上限。如果說企業的發展階段有從0到1、有從1到N、有從 N到 N的指數，那麼天際線就是從 N的指數到無窮，而這背後的底牌，就是公司業務本質的定義、能否打破企業的邊界以及不斷釋放增長期權。

　　當然，「增長五線」中的這五根線並不一定是遞進關係，它們之間是可以切換的、動態調整的，這才是今天用「增長五線」去看待競爭策略的關鍵意義。所以在本書的最後一章，我專門討論了增長五線背後切換的規律。

　　本書的形成得益於與諸多全球頂級管理研究者或頂級顧問，包括行銷學之父科特勒教授、倫敦商學院尼爾瑪利亞‧庫馬爾（Nirmalya Kumar）教授、《行銷4.0》合著者、Maketplus執行長赫曼溫‧卡塔加亞先生、清華大學朱武祥教授、復旦大學蔣青雲教授、上海交大的任建標教授、巴黎大學的巴納德‧費爾南德斯（Bernard Fernandez）教授等前輩的交流與期許，同時感謝我極其優秀的諮詢同事李阜東、吳俊傑以及清華大學商業模式研究中心同學們的支持。更重要的是感謝本書的頂級策劃團隊王留全先生、余燕龍先生以及李靜媛女士，他們的不斷鞭策與信任支持讓我前行。

　　我始終把自己放在一個CEO諮詢顧問的角色，諮詢是個貫穿理論與實踐的工作，而「問題導向」是

我和傳統研究者最大的不同。十二年來，我擔任過六十多個企業領袖與創新型企業的市場策略諮詢顧問，三年前開始又把視野和興趣移到創新創業公司，我曾把增長五線用於千億級企業的增長設計，也在「騰訊」AI平臺將其與諸多創新創業者分享，都得到了非常積極的實踐反饋。本書以一個全新的企業家視角，把策略的宏觀視野和行銷的微觀洞察進行融合，試圖構建出一套企業基於市場的增長體系。革新必有不足之處，但這是一個諮詢顧問的使命與野心。

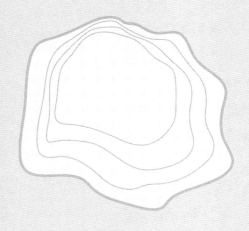

王賽 博士／
CEO的市場增長顧問

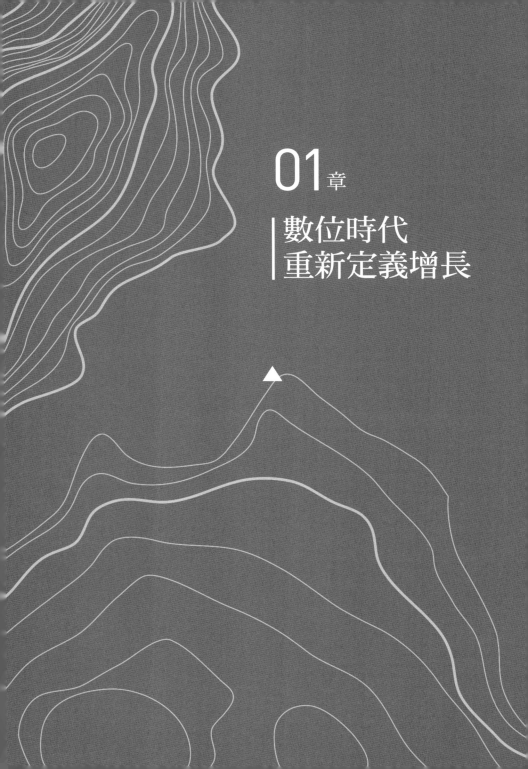

# 01 章

## 數位時代
## 重新定義增長

## 增長是所有企業問題的原點

「增長就像純淨的氧氣。它可以造就一個充滿活力的公司，在這裡人們可以發現真正的機會。他們能夠抓住機遇，更加苦幹，巧幹。從這一點來看，增長不僅僅是一個最重要的財務推動力，而且是公司文化不可或缺的一部分。」

——嬌生公司前執行總裁　拉爾夫・S・拉森

## 一切問題，都是增長的問題

　　長期以來，我擔任過六十多個企業領袖與創新型企業的諮詢顧問，在企業一線與中國經濟「水大魚大」時代浪潮下的企業 CEO 和創始人互動，我發現，這些企業家的思維模式，與宏微觀經濟中所謂純粹研究者的思維不同，後者我將其稱之為「趨勢導向」或者「詮釋導向」，比如說最有名的趨勢專家、《大趨勢》的作者約翰‧奈斯比，他看待事情就是典型的格局導向，擅長用碎片化的訊息拼出未來世界二十年後的雲圖，如未來會怎麼變化，世界會如何縱深發展，不確定時代應該擁有哪些「定見」；再比如經濟學家去企業一線做調查研究，總喜歡用一種典範（比如中國模式或中國式管理）去試圖解釋中國近 40 年的經濟奇蹟、中國企業大批進入世界五百強的策略邏輯。這些視角的確不錯，但企業家的思維模式卻是不一樣的。作為 CEO 顧問，我既在一線作為杜拉克所說的「旁觀者」，又常扮演「梅長蘇式」的策略決策輔助人，因此我看到的企業家全部是問題導向──即企業碰到什麼問題，如何救火，以及如何從根源上「手起刀落」般地解決問題。基於問題，而不是基於理論出手，是 CEO 顧問和純粹經濟管理研究者的最大區別。

　　記得十幾年前，我開始服務中國頂級企業家這個群體，原本我會非常介意諮詢服務的內容的定義，比如是策略規劃，還是競爭策

略；是市場策略，抑或是品牌策略。到如今，我不再看這些概念，而只回歸到本質上要解決的問題。而在企業家面前，需要解決的所有問題，都可以回歸到最核心的兩個字——「增長」。企業家為什麼要做規劃？是因為要增長；企業家為什麼要做品牌？是因為要增長；企業家為什麼要做組織重整？是因為要增長；企業家為什麼要數位化轉型？也是因為要增長！把這個本質問題看清楚後，就可以破除很多「概念控」——我指的所謂「概念控」，就是執著於某個概念而忘記了目的何在！

　　有一年，華為的高層邀請我去華為阪田總部基地，和他們研討華為市場策略的數位化如何做。開場後華為的高層問我：給企業做數位化市場策略轉型應該用哪種操作模型（我提出行銷用從 4Ps 向數位化 4Rs 轉型）？在那個場合，我反問華為市場部的高層：你想用數位化解決什麼問題，尤其是解決華為什麼痛點問題？如果你的業務在 B2B（組織間交易）的領域，你是否意識到企業真正的小數據已經充分有效挖掘？數位化應該解決哪些痛點問題，還是把你以前哪些武器做升級？所有這些問題的集合，都得指向「增長」，否則會像今天很多企業一樣，雖然擁抱數位化、構建大數據能力，迫不及待地發展 AI（人工智能），最後無非只是多出一堆數據螢幕而已。

　　所以不落實到增長本質的規劃，只不過是「自說自話」；不落

實到去增強競爭優勢、不趨向於增長的競爭策略，都是「壞的競爭策略」；不輔助於增長的市場行銷策略，進入不到董事會和高階主管的議事話題；不指向增長的品牌設計，都是視覺、文案以及廣告公關層面的戰術──脫離增長，無論好壞。

投資家巴菲特有一個「雙目標清單系統」（Two-List System）思維，大意是應該像躲避瘟疫一樣躲避不重要的目標，把時間和注意力集中在最重要的事項上。運用巴菲特這個「做減法」的思維，把企業策略、行銷和營運的動作減到極致，「增長」自然就浮出水面，它是企業高層決策和日常營運指向的最重要的核心。

世界大型企業聯合會（Conference Board）做過一次調查，請全球一些公司的CEO排列出他們眼中商業要素的優先級順序，結果發現，這些CEO最關注的話題也是企業增長。寶僑家品的CEO鮑勃・麥克唐納（Bob McDonald）強調：「對企業來講，增長是第一要務。」嬌生公司前執行總裁拉爾夫・拉森（Ralph Larsen）說得更加直接──「增長就像純淨的氧氣。它可以造就一個充滿活力的公司，在這裡人們可以發現真正的機會。他們能夠抓住機遇，更加苦幹，巧幹。從這一點來看，增長不僅僅是一個最重要的財務推動力，而且是公司文化不可或缺的一部分。增長是一切企業問題解決的入口。」

之所以增長作為核心問題在今天被反覆提出來，與低迷的經濟

相關。除中國外的其他金磚三國（巴西、俄羅斯和印度）的經濟增長率已經從8％下降到5％，而具體到中國而言，增長速度也已經落到了7％以下，中國政府把這種經濟特質稱之為「新常態」，所謂新常態，首先是「新」，也就是這種外部經濟增長的局面，不是中國和世界在過去三十年中所看到的形勢；「常態」，說明這種情況會長期存在，而不是短暫性的。今天，哪怕是頂級的商業領袖，其議事日程第一頁標注的也是增長——而多年前，他們的議事本的主題是規劃、組織、管控、流程、成本控制、企業再造和重組。今天，當外部環境增速降下來時，他們的增長注意力從外部的「經濟增長紅利」轉到了企業內部的「企業增長能力」，所有的規劃、組織、管控、成本和流程的再造，都必須以「增長」為源點。

　　2017年11月，我受一位中國頂級企業家的邀請，以智囊身份參與了他們公司2018年度經營計劃的制定會議。會議前，我問這位企業家：您的企業作為中國最大的B2B公司之一，如何制訂增長目標？他愣了一下，剛準備回答，我說您停下，我來說我的判斷——「您本年度的增長目標是不是上個年度的銷售額或者利潤額，乘以一個增長係數，這樣計算出來的呢？比如2017年銷售額是500個億，2018年設置增長30％，於是銷售額就定出了650億？」對方會心一笑。我說，這樣制訂增長目標的方式是有問題的，它沒有基於一套系統的增長邏輯，也沒有一套量化的設計公式，它的制訂方

法，與國家層級設置 GDP 增速的方式沒有兩樣。

　　在這次高層的封閉式會議中，這位企業家問我：如何在今天數位化顛覆的背景下，設計組織，梳理企業的管控模式？比如應該怎麼調整組織架構、哪些地方應該授權、哪些職位應該集中、企業應該如何重組？我用《愛麗絲夢遊仙境》中那句膾炙人口的名言作答：「當你沒想清楚目的地時，走哪條路都對，也都錯。」企業的管理，要統一於經營目標才具備意思與意義。管理指向的是效率，經營指向的是效果。而今天這位企業家之所以有疑惑，是因為其企業的增長路徑不清楚。如果增長路徑在於集中力量打出大的戰役，他應該參仿的對像是華為、GE，組織管理要有集中度、堅守「力出一孔」的強力原則；如果其增長路徑更多來自於創新，他的企業則應該研究小米，去學習如何激發每個組織單元的企業家精神，並有效賦能於組織生長。不討論清楚增長模式，何談管控？何談組織？又何談流程重組？正如武侯祠上評價諸葛孔明的那幅對聯的下聯，「不審時則寬嚴皆誤，後來治蜀要深思」。企業家的所謂「審時」，就是審自己的企業如何增長。增長才是企業最重要的目的與舉措！

　　著有《萬曆十五年》的黃仁宇先生對西方資本主義社會進行了深入研究，黃先生認為：西方在進入資本主義體制後，社會基層能夠做到各種要素自由而公平的交流，社會基層自治組成一個中層機構與高層聯繫的體制。這種體制能夠保證地方的真實情況有效彙集

到中央，中央下達的政策也能夠符合地方實際，其各種統計數據也就不存在問題。中央政府的宏觀管理也就有確切可靠的數據為依據。他把這種管理稱之為「數目字管理」，而「數目字管理」是西方經濟得以高速增長的重要原因。

「數目字管理」是黃仁宇先生給中國經濟開的藥方。接觸過中西無數頂級企業之後，我想在歷史學大家黃先生這副藥方上，再開出另一副藥方，叫做「邏輯性經營」，正好對應黃仁宇先生的「數目字管理」。「邏輯性經營」考慮的是如何將經營進行有效分解，如何把企業家的意志、洞見、夢想、判斷，變成生產函數與增長向量，把頂層設計變成實施藍圖，讓增長變成一張動態的、有張力的地圖，使上下同欲者勝。而現在流行的管理學，玄學遠遠多於科學，增長策略多半是「上不去、拆不開、落不下」。

這也是當前策略規劃所出現的問題。企業家設計了激動人心的願景，但是願景與現實之間的橋樑如何去搭建，成了問題。好的策略，應該是「上得去、拆得開、落得下」。本書所研討的增長，就是要解決企業家的這些問題。

## 行銷的轉折點：以CGO回歸增長

看到這些問題的還包括一大批西方公司。2017年3月23日，

可口可樂宣佈在馬科斯・德・昆特（Marcos de Quinto）退休後，將不再設立全球行銷長（Global Chief Marketing Officer），而以新的職位「首席增長官」（CGO，Chief Growth Officer）來進行替代，向CEO直接彙報，這個職位把客戶洞察、策略以及市場領導等多項職能進行合一。首席增長官這一職位的出現，具有里程碑的標尺意義，這是因為率先作出這一切換的主角可口可樂，是一家以品牌行銷見長，乃至將行銷作為核心能力的公司。

外行看熱鬧，內行看門道。可口可樂這次職位變動的背後所帶來的系統變化，也許會帶給企業對關於「增長」的理解有更多領悟。可口可樂的領導層認為過去的行銷沒有承擔起市場增長策略的角色，未來可口可樂的行銷應從品牌導向走向增長導向。

於是，弗朗西斯科・克雷斯波（Francisco Crespo）開始擔任可口可樂史上第一個CGO，負責統籌策略、行銷和數據洞察，同時原可口可樂的全球研發負責人羅伯特・朗（Robert Long）被調整為創新長，資訊長（Chief Information Officer）巴瑞・辛普森（Barry Simpson）也被提升到直接向CEO彙報，市場增長、創新增長、數位化轉型都放入到CEO議事日程的第一頁。增長，成了策略中的「策略」，行銷也在向市場增長策略轉型。

如果我們回歸到管理學人杜拉克的思想，他曾說：「市場行銷與創新是公司最重要的兩項職能，沒有其他。」但這個「行銷」，是

真正驅動公司增長的行銷，是以市場來組織企業內部資源的行銷。首席增長官的設置，並非新瓶裝舊酒，而是把「市場增長」──這一組織系統要指向的根本目標顯性化，將客戶管理、市場洞察和策略開始合一，由首席增長官統一管理。可口可樂的這一舉動得到了歐美公司的積極響應：在專業社交平臺「領英」（Linkdin）的職位發佈上可見，一年之內就有1萬多家公司開始設置起CGO這一職位。

行銷學之父科特勒早期在麻省理工攻讀的是經濟學，他的導師是一代宗師、諾貝爾經濟學得主薩繆爾森，而科特勒博士畢業後，卻將研究轉向到了行銷，科特勒常常對我說：「行銷要發揮出為經濟學理念實踐的鋪路作用，通過行銷來刺激經濟的增長。」無論對於國家政府，還是對於大型企業、創新型公司，只有把行銷上升到增長的維度，行銷才具備其本身應該具有的策略意義。

發出這種聲音的，不僅是企業，也不僅是菲利普·科特勒。2014年在東京，我碰到菲利普·科特勒最得意的弟子之一尼爾瑪利亞·庫馬爾，他曾在哈佛商學院、倫敦商學院以及西北大學凱洛格商學院擔任行銷學教授，之後進入諮詢行業，並擔任印度最大的企業塔塔集團旗下公司的行政總裁。他對我說，當今行銷的窘境，就在於絕大多數公司中的行銷部門在CEO的圓桌會議上都沒有突出的席位。而大量的行銷學教授，則將注意力集中於狹窄的戰術方面，比如如何定價、如何促銷、如何傳播。但CEO們目前面臨的

問題是，如何以市場競爭為中心，來獲得策略性的增長。

市場變化得比市場行銷更快。今天行銷界所面臨的問題，是行銷和增長的脫節，正如庫馬爾對我所言——必須把行銷從一種職能變成一種增長變革的引擎。今天，許多公司的CEO們對行銷不能帶來顯著的效益感到失望。行銷部門越來越被看作成為「費用中心」，而不是「投資中心」，更遠遠談不上是「增長中心」，儘管公司極力在宣傳他們要「以客戶為中心」，但是行銷的影響力事實上正在讓位於公司的其他職能。

菲利普・科特勒也看到這個現象，他在私下說：「行銷首先是一種基於客戶價值的增長哲學，其次才是職能。」但是問題的現狀是，目前大多數企業都是按照職能在構建組織，所以餓了嗎在被阿里收購後，內部把品牌行銷部重組進企業營運中心。而我到華為去，華為的高階主管第一句話是：「我們華為的行銷不是市場上其他公司指的那個『行銷』。」我聽了很欣慰，當場開玩笑的回應：「我知道你們所言的『行銷』是哪個行銷！」——是以客戶價值為基礎的「行銷」，是以市場競爭為基礎的「行銷」，是以驅動增長為核心的「行銷」，而不是市場上那些以廣告、公關和流量操盤為核心的行銷！如王陽明所言：「知是行之始，行是知之成。」華為對行銷理解的不一樣，實施方式的不一樣，使得華為成為中國實施「改革開放」四十年最成功的市場化企業之一，2017年的收入達到6036億

人民幣，也是中國大陸市場化企業中標竿裡的標竿。

　　《經濟學人》雜誌曾對世界五百強企業CEO的背景做了一個調研，這些CEO中有46％的CEO是從財務部門晉升而來，CFO（財務長）從二十年前開始，一直是CEO後備軍的第一選擇。可是問題在於，企業不是說增長的核心動力是來自於客戶嗎？到底是財務人員離客戶更近，還是市場人員離客戶更近？有行銷背景的人員成為CEO的比例逐年降低，甚至對於一些以行銷為增長咽喉的快速消費品公司，近些年也凸顯出這樣趨勢。

　　那麼，行銷高階主管為什麼會丟失掉組織內的影響力？行銷人員如何才能重拾CEO的想像力？行銷如何才能恢復為「市場競爭」的核心？庫馬爾說，具有諷刺意義的是，儘管行銷作為職能一再地衰退，行銷的必要性卻越來越大，而這種必要性，就是回歸到增長。

## 好策略VS壞策略：背後的金線即增長

　　出問題的又何止是市場行銷？再看策略。2017年，我做了一個調查，針對的是中國那些為策略諮詢買過單的大型企業客戶（這些客戶中很多也是我近十年服務的客戶），問他們十年前那些頂級

諮詢公司為他們設計的策略規劃，到底落實了多少？有多少企業沿著過去所規劃的方向走到了今天？調查的結果很不幸，這樣的企業不到百分之五。我相信如果把樣本量擴大到中小型企業，這個比例會更低。比如我的諮詢客戶之一「中紡集團」，當年2001年中國進入WTO後，中紡啟動了策略規劃，當時規劃的重點是圍繞紡織貿易構建整體產業鏈，可是誰能想到，十年後中紡在紡織領域不斷衰落，竟然成為了中國四大油脂生產企業，2016年7月又整體併入到「中糧」。同樣的偏離當年規劃的，還有「華潤」、「寶鋼」，而更多的是數不清的民營企業。

　　策略規劃真的出現了問題。而出現問題的根源，在於世界環境本身不確定的、顛覆性的變化。所以我們會發現，十年前我們經常使用的一些策略性的詞語，比如「基業長青」，比如「核心競爭力」，這些最熱的詞語在今天都已經見不到了，已經變成了科幻小說中的臺詞。世界進入了一個「黑天鵝湖」的時代——一湖水池裡全是黑天鵝。各種不確定性交織在一起，構建起不確定的指數平方，變化無窮，而那種號稱一眼看到未來格局的五年規劃，根本是刻舟求劍、天方夜譚。

　　我欣賞的一位策略專家——理查德・魯梅爾特教授，他每到一個企業，都會先問CEO和高階主管：「你的公司有策略嗎？」90％的CEO和高階主管會毫不猶豫地回答：「肯定有！我們公司怎麼可

能沒有策略呢？」這時理查德・魯梅爾特會拍著桌子發問：「那貴公司的策略是好策略，還是壞策略呢？」CEO和高階主管們頓時鴉雀無聲，開始冒冷汗：是啊，那個文件，那個口號，那個標語，是好策略嗎？甚至是策略嗎？基於此，理查德・魯梅爾特拋出了《好策略，壞策略》這本書，其觀點如小李飛刀，刀刀見血！

我對什麼是好策略，什麼是壞策略，有自己的判斷標準，但如果把這些標準做一個減法，說出背後的金線，那還是「增長」。我們可以看到兩類企業，第一類是成熟的大型企業，另一類是創新創業型公司。對於大型企業來說，他們今天面臨的核心問題有兩個：第一，應該如何找到新的機會增長點，面對新經濟，如何找到自己的「第二曲線」；第二，這類企業的業務一擴張就會出現成本線迅速蓋過收益線，難免陷入規模經濟效應遞減的狀態之中。而對於創新創業型公司，其核心問題也是兩個：第一個是如何可以獲得指數級發展，彎道超車，或者說是換道超車，從自己的賽道中脫穎而出；第二個是如何在增長中盈利，構建自己的利潤區。

「第二曲線」（The Second Curve）的概念，是由英國管理學家查爾斯・韓第（Charles Handy）提出來的。韓第是倫敦商學院的創始人之一，他謙稱自己是個沒有特殊專長的社會哲學家，而「第二曲線」，是韓第在一次路途中有感所悟。有一次韓第向一個路人問路，這個路人告訴他，往前走就會看到一個叫大衛的酒吧，離酒吧

半裡路之處，往右轉，就是他的目的地。但是，在指路人離開之後，韓第恍然大悟，剛才的答案已經沒有用處了。因為當他知道該從哪兒拐的時候，他已經錯過了那個地方了。

這個拐點，就是所謂的「成功的悖論」和「曲線邏輯」，即你原來的成功經驗、將你帶到達目的地的方法，並不能將你帶向未來，如果在新的階段沿用過去成功的邏輯，你只能走向平庸。成功變成了卓越的天敵，曲線的邏輯在新週期下已經發生了變化。

這就是著名的「第一曲線」和「第二曲線」。企業的增長就如曲線，沿用舊有的邏輯只會在拋物線的頂點下滑，而卓越企業持續增長的奧秘，就在於在第一曲線消亡之前，構建出第二曲線，找到新的增長點，再次向高峰攀越。

我為「海爾」集團做策略顧問時，如何構建「第二曲線」是海爾在數位經濟時代最重要的策略議題。海爾作為中國改革史上最具成就的大型企業之一，如今在其公司內部提及最多的句子就是如何構建「第二曲線」。該公司創辦人張瑞敏先生在內部說：離開「跑步機」，融入互聯網。所謂跑步機，就是指在原有的模式上跑，比如提高產量、給經銷商壓貨、庫存增大便降價等，這些動作就好像是在跑步機上跑了一百公里，但停下來還是原地，其實一米都沒有跑出去。以張瑞敏先生為首的海爾高層團隊，在這幾年內不斷提出海爾新的管理的模式，包括倒金字塔、人單合一模式、互聯網轉型、

生態型品牌，以及基於生態型策略所涉及的「三張新報表」——損益表、顧客終身價值表、生態增益表。這些理念甚至是落實性的工具，都是在嘗試找到海爾原有增長維度之外的「第二曲線」。

為增長頭疼的何止是大型企業，我上面提及的第二種企業——創新公司，同樣在為增長而苦惱。我在2018年擔任「騰訊AI加速器」畢業典禮的輔導嘉賓，給這些在新經濟時代風口浪尖的創業者授課與提供諮詢。這些在時代風口浪尖的創新型企業的問題非常集中——第一，如何找到迅速做大的「風口」；第二，如何把流量增長、用戶增長轉化成利潤增長。

創新創業型公司，他們面臨的典型問題在於「前有巨頭，後有追兵」，正如雷軍所言，專注、極致、口碑、快，才能生存與增長。對於這類創新創業公司，找到指數級的增長模式，跑贏傳統公司，並如何讓這種增長指向盈利，尤為關鍵。美國有一家公司叫做Mattermark，這是一家專門預測創業公司未來發展的大數據公司，它從AngelList、領英、CrunchBase等網站拿到數據，以自己的模型來進行創業公司的增長預測。在與創業公司和創業者進行多年的合作後，Mattermark的創辦人丹妮爾·莫若爾（Danielle Morrill）認為，我們當前看到的所謂「獨角獸」公司實際上是一群外表光鮮，實則無法抵達利潤區的「僵屍」，本質上可以稱為「僵屍獨角獸」，所以我們也看到現在矽谷一直在提「獨角獸之殤」，其興也勃，其

亡也忽，如何形成有質量的增長，而不是「估值虛高」，是創新創業型公司遇到的核心問題。

　　當今策略規劃最大的問題在於過於宏觀，二十年前中國有公司甚至做出十年規劃、二十年規劃，今天來看，這些規劃只能算是「自說自話」，是一種不切實際的幻覺。即使在策略領域，有專家開始進入到「動態策略」的規劃，但是仍離增長甚遠。<u>CEO 的企業高層議事本上，第一頁應該不是競爭，是增長。</u>

　　問題是藥方最好的催化劑。好策略，還是壞策略，都得指向增長模式。否則這種策略，就成了宏觀規劃，難以落實。在這個巨變時代中，「策略」和「行銷」這兩個詞語都碰到了挑戰，所以「增長」浮出。這裡的「增長」，必須融合策略的宏觀和行銷的微觀，融合產業的佈局與價值的創造，融合競爭博弈與顧客價值管理，也融合企業增長的內部基因重構。


# 原有的企業增長思想


　　本書的核心是談企業如何增長，那我們就把燈光聚焦到這個問題之上。如何去定義增長？在傳統意義上，有哪些重要的增長思維提出？有哪些增長理論佔領過CEO和高階主管們的思維？在這裡

我們做一個系統的梳理。

## 增長階梯：三層面增長地圖

　　麥肯錫的三位資深顧問梅爾達德·巴格海（Mehrdad Baghai）、斯蒂芬·科利（Stephen Coley）與戴維·懷特（David White），在對世界上四十個不同行業的增長型企業進行深入研究後，在《增長煉金術──持續增長之秘訣》（The Alchemy of Growth）中提出關於增長的三層面理論：

　　他們提出增長有三個層面：第一層面是守衛和拓展核心業務，

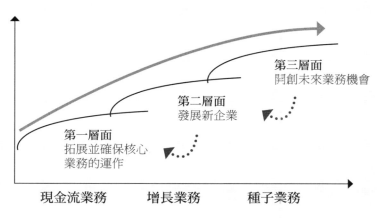

圖　麥肯錫企業增長三層面

第二層面是建立即將湧現增長動力的業務，第三層面是創造有生命力的未來業務。公司實現增長就必須同時管好增長三層面，這就是著名的三層面理論。通俗來講，就是要有現金流業務、增長型業務和種子型業務。對於企業而言，要實現持續增長，就要平衡現在和未來之間的關係，管理好現金流、投入未來並對不確定性的種子業務進行嘗試。

中國有句古話：「不謀全域者，不足於謀一域。」三層面理論就是要求企業在時間週期上佈置全域。我們以Facebook為例，十年前，Facebook只是2400萬美國年輕人的Facebook，而今天，Facebook是一個屬近16億用戶的全球性龐大社交平臺。在2016年的Facebook F8大會上，創辦人祖克伯發佈了Facebook未來十年的

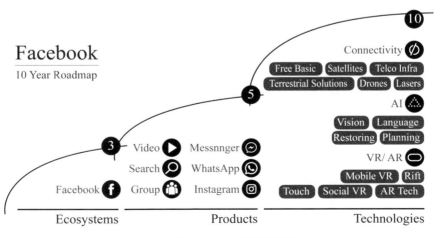

圖　Facebook的增長階梯

策略規劃圖。他強調，Facebook的核心願景依然是「努力通過技術，讓用戶可以與所有人分享一切」。

祖克伯的策略規劃圖正好對應三層面策略佈局藍圖，在F8會議上，祖克伯宣稱未來三年Facebook將主要專注於打造生態系統，未來五年的關注核心將圍繞著視頻、搜索、群組以及WhatsApp、Messenger和Instagram等應用展開，而未來十年的策略要點則為AI、VR、AR以及無人機網絡技術。生態系統、基於生態系統的產品，以及未來的底層互聯網技術，是Facebook的增長階梯。

增長階梯為什麼重要？我們會發現，很多企業不按照階梯來走，進行四處擴張，很容易陷入多元化困境，比如大陸的「樂視」和「聯想」最為典型。我們今天很難講清楚聯想到底是做什麼業務的，哪些業務「數一數二」，而樂視的困境，根本上就是一個多元化經營失控的老話題。

## 從核心擴張

從核心擴張的研究來自於貝恩公司。貝恩公司在調查了25家在10年中保持著22％的年股東回報率的公司後，總結出持續性盈利增長的三大關鍵因素：

　　一、這些公司都有強大的核心業務，依據這個核心業務為基礎，來組織超越核心的增長設計；

　　二、可重複的擴張模式是這些公司增長的重要因素，這種可重複的擴張模式使得企業產生了高利潤區，擴張的成功概率顯著提升；

　　三、這些企業的增長模式，有80％都是建立在對客戶行為獨特與深入的洞察上，因此可以重複應用到不同產品、市場與環境中去。這是一種「以客戶為中心的擴張」。

　　管顧公司貝恩（Bain & Company）的克里斯・佐克（Chris Zook）在調查中發現，這些高速持續增長的公司至少擁有一項佔據行業領導地位的核心業務。在此業務上的擴張基於三大標準：與核心的關聯性、豐厚的利潤池、取得領導者盈利結構的潛力，這是這些企業持續高速增長背後的原因。

## 增長點邏輯

　　同樣幫助CEO思考增長問題的還有科爾尼公司。科爾尼從二十年前的1998年開始著手「創造價值的增長模式」研究，他們建立了一個數據庫，涵蓋29000多家占98％世界市場資本總額的公

司。在此基礎上，科爾尼提出了「創造價值的增長模式」策略，並在此基礎上提出來「科爾尼增長矩陣」。

所謂「科爾尼增長矩陣」，是把公司置於2乘以2的矩陣中來評估公司增長的屬性。X軸或者水平軸，代表了價值增長，而收益增長則反映在Y軸。關於價值的計算，科爾尼用調整後的市值（Adjusted market capitalization，AMC）來計算，而市值是衡量公司增長最直接，也是最常用的方式。

借助增長矩陣，四類各具特色的公司會浮現出來：

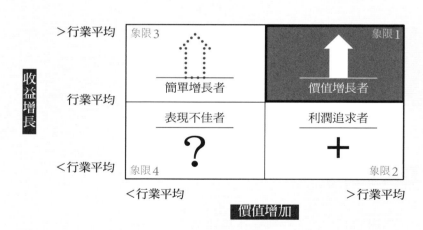

圖　科爾尼增長矩陣

資料來源：
Fritz Kroeger, Michael Traem, Joerg Rockenhaeuser, James McGrath 合著的《價值增長者》
（The Value Growers: Achieving Competitive Advantage Through Long-Term Growth and Profits）

第一種，<u>價值增長者</u>。這些公司在收益增長和價值增長上遠遠超過同行，取得行業統治地位。

第二種，<u>利潤追逐者</u>。這些公司的價值增長超過平均值，但在收益上落後。

第三種，<u>簡單的增長者</u>。這些公司重點強調收益，但無法列入價值軸線。

第四種，<u>表現不佳者</u>。這些公司是增長的「蹩腳貨」，在收益增長和價值增長上都表現不佳。

除了上述看待增長的維度，還可以從金融的思路來看增長。

企業估值中有一個詞語叫做「增長期權」，所謂增長期權，是指該業務與其它有價值的業務之間構成了一個價值鏈，因此該業務的實施可能為企業今後的發展創造更加廣闊的空間和機會。企業增長期權是從策略的高度對業務佈局價值進行理解。按照公司價值增長的維度，企業家可以把業務這樣分類——看漲型的業務、看跌型的業務、平穩型的業務，並把這些業務進行組合。我們以香港企業家李嘉誠的「和記黃埔」為例，在和記黃埔集團中，由於受到經濟週期的影響，有一些子公司盈利，也有一些子公司虧損，但是把集團公司所有業務的收益組合在一起，就可以看到一個正向朝上、收益超過15％的增長曲線。

# 未來的企業需要增長地圖

　　上面談到的增長理念，都是從傳統策略規劃的維度去看增長，而從市場策略的維度來看增長則不一樣。策略規劃解決的是什麼問題？更多是解決企業家要「做什麼」的問題，而市場策略解決什麼樣的問題？是解決「如何做」的問題。也就是說，當企業的策略規劃出來之後，如何去實現增長的目標，這叫做市場增長策略。在今天，策略的宏觀敘事讓渡於微觀洞察後，基於市場的增長策略變成了企業增長的第一要務。在第一章的最後，我先提出一個關於增長新理論的整體框架，它有兩大核心：

　　核心思想一：增長公式；

　　核心思想二：增長五線。

## 核心思想一：增長公式

　　我們先給出一個公式──

　　{企業增長區＝總體經濟增長的紅利＋產業增長紅利＋模式增長紅利＋營運增長紅利}

　　對於企業家而言，這個公式試圖回答的是增長到底有哪些重要

的策略環節。比如地產公司，關注最多的是這個公式中的前兩項，總體經濟和產業，所以這類行業的首席策略官多為總體經濟的研究者，比如「恒大集團」的任澤平；而並非以資源為導向的互聯網公司，關注更多的卻是公式後面的兩個要素：模式與營運。所以，不同的企業，驅動增長的核心要素並不相同。

然而經濟宏觀週期的確是難以忽視的增長元素。企業要增長，做事不如乘勢，兵法中講「勢不可擋」。有個關於增長的笑話是：有三個人坐電梯到十樓。一個人在原地跑步，一個在做伏地挺身，一個用頭撞牆，但是他們都到了十樓。有媒體採訪他們：你們是如何到十樓的？一個說，我是跑上來的；一個說，我是做伏地挺身上來的；最後一個說，我是用頭撞牆上來的。笑話的批註是，這個電梯，就是高速增長的中國經濟，而那三個人，則是各種宣講成功經驗的企業家。的確，過去四十年中國很多企業的增長，都建立在總體經濟高速遞增的紅利之上。

第二個要素是產業增長紅利。產業增長紅利要揭示一個問題：為什麼在同樣的經濟週期中，不同的企業所獲得的增長、所佔有的利潤區存在顯著差異？換句話講，企業所處的產業是在導入期、成長爆發期、成熟期還是衰退期？產業週期的不同決定了該行業內企業平均利潤率的高低，也決定了該產業增長紅利的多與寡，比如說從當前來看，家電行業和珠寶行業的利潤率差距就很大。

　　第三個要素是模式增長紅利。所謂「模式增長紅利」，就是以同樣的資源，如果可以進行模式的創新和重組，企業的增長速度和利潤區就會不一樣。資源上如果沒有差異化，但通過模式重組，也可能做得不一樣。比如大陸地產行業中的「華夏幸福」，就採取了產業地產模式，與傳統地產差異化出來，獲得了飛速增長；再比如「拼多多」，抓住了三四線市場的機會，通過「社交＋電商」的方式爆發出來。「模式紅利」用一句通俗的話表達就是——我們同樣擁有碳分子，你用這些元素製造出來的是碳，而另一個企業家則通過重組後做出來了鑽石。

　　最後一個要素是企業能力的紅利，簡單講就是同一產業內不同的企業由於競爭能力的不一樣，所獲取的市場溢價也會存在差距，比如過去十五年的快速消費品行業，一批企業繞過跨國公司強勢品牌的壁壘，通過深度分銷、精耕細作的市場操盤方式攻城掠地。

　　再重複一遍公式：企業增長區＝總體經濟增長的紅利＋產業增長紅利＋模式增長紅利＋營運增長紅利。企業界的朋友們可以想一想，目前你所處的企業是在哪個增長區內？還是在多個增長區中都有佈局呢？

## 核心思想二：增長五線

　　好的增長模式還包括圍繞具體業務如何變化，形成不同的增長態勢。什麼叫做態勢？態勢，是指狀態和形勢，是對事物運動的劇烈程度和規律的表述。如動、靜、紊亂等。策略態勢，包括軍隊所占地形、兵力部署對當前和之後的行動是否有利；力量對比是否佔優勢；策略主動權是否在握；等等。兵法有云：「若決積水於千仞之溪者，形也。」「如轉圓石於千仞之山者，勢也。」企業要增長，那當前的增長到底處於何種態勢，直接決定了增長模式的不一樣。關於什麼叫「勢」，我聽到最好的一個故事大概是和學人薩繆爾‧杭廷頓（Samuel Phillips Huntington）相關。

　　杭廷頓生前一邊在哈佛大學政治系教書，一方面給政府做政策諮詢顧問，很多人都知道他的代表作——《文明衝突與世界秩序的重建》，但是關於其背後的思想如何產生的故事，卻鮮為人知。有一次我在哈佛大學，杭廷頓的助理告訴我，杭廷頓之所以當年提出「文明衝突」的大膽預測，是來自於他對「態勢」的洞察。他在哈佛大學教過戰爭史，每一堂課講述世界歷史上的一次重大戰爭，並會把戰爭的主體在世界地圖上標記出來，一個學期十二節課結束後，這些在地圖上的標注點連接在一起，自然浮現出一千年戰爭衝突的軌跡。杭廷頓依據這個軌跡提出了「文明衝突」的假設。1996年，杭廷頓的這本書面市，隨即在學界和政界引起了軒然大波，但他在書中推演在本世紀初逐步得到了驗證——當下世界歐洲棘手的難民

問題、伊斯蘭極端主義問題，無一不被杭廷頓命中，這都源於杭廷頓對「策略態勢」的洞見。

　　回到企業的增長，業務的增長也有態勢。我把這種態勢，結合企業業務的增長，形成了一個說明企業增長模式的五線譜。一家企業，或者說企業的某一項業務，如果處於不同線上，增長的方式會完全不一樣。好的增長地圖，可以告訴公司的決策層和高階主管，怎麼進，怎麼退，進多少，退多少。作為公司的操盤者，你要知道自己的增長其實由如下五根線構成：

　　第一根線叫做「撤退線」，即收縮線，講的是企業如何做有價值的撤退。在中國很少人提「撤退」這個概念，好像幹企業就一定

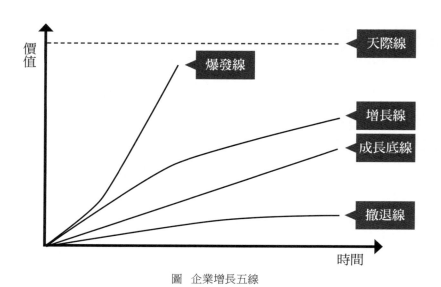

圖　企業增長五線

要幹到101年，幹到基業長青，這是不對的。企業在何種情況下收縮，何種情況下賣掉，怎麼賣出一個最好的價值，或者在某個關鍵點時對某些業務進行收縮，這叫做撤退。在美國矽谷，就有一批專門創業之後將公司賣出的創業家。而IBM將Thinkpad賣給聯想，包括2018年發生的餓了嗎賣給阿里，摩拜單車賣給美團，在我看來都是很好的退出，一方面創始人得到變現，另一方面原有業務加入進新的生態，可以讓原有的資源二次應用。

　　第二根線叫做「成長底線」。什麼叫做成長底線？所謂底線，也可以說是公司或者業務發展的生命線，也稱「增長基石」，這條線有一個極其重要的作用，即保護公司的生死，為公司向其他地方擴張提供基礎的養分。正如我在前文中所說，很多B2B領域的公司制訂增長目標的方法，就是把當年的業務規模，乘以一個增長係數，就得到了第二年的增長目標，這種計算方式完全不科學，沒有量化。好的公司，成長底線是可以算出來的，而不是乘以一個增長比例。成長底線，也是企業的生命線，不應該用行業或者公司的增速來衡量，而是根據客戶量的多少和客戶關係質量管理的深度，形成一套科學的計算方式，由此可以計算出來基礎的增長邊界。但現在很多公司，連自己增長的底線，都是用「拍腦袋」想像出來的。

　　第三根線叫做「增長線」。什麼是增長線？所謂企業的增長線，是企業從現有資源和能力出發所能找到業務增長點的一切總

和，比如可以找到哪些利潤區，利潤區怎麼擴張——是擴展新產品，還是擴展新客戶，還是擴展新區域。企業要對這些增長線要進行窮舉，盡可能梳理所有可能的成長機會形成「增長地圖」，比如2018年美團從團購領域殺到出租車的領域；餓了嗎從傳統的外賣進入到下午茶、生活用品的提供，號稱半小時生活圈的物品全部覆蓋……這都是在找自己的增長線。開始設計這條增長線的企業，首先要能守住底線，否則一擴張，就有競爭對手殺入你的核心利潤區，你抽身也來不及。十年前大陸的網商「京東」從以3C電子產品為核心的網絡商城，切換到全品類覆蓋，就是一個很成功的增長線跨越選擇，而反觀「當當網」，由於當年對業務邊界的擴張過於保守，近十年增長乏力。

　　第四根線是「爆發線」，增長線當中肯定有很多增長路徑，但有沒有一條路徑能夠爆發？如果說增長線的增長還是線性的，爆發線要的就是指數式的。什麼樣的產品可以一夜爆發？從傳播上講，需要有「瘋傳」，把你的產品像病毒一樣傳出來；從通路上說，則要有「超級流量入口」，在與該流量入口關聯之後，業務能夠迅速爆發。以餓了嗎為例，由於其背後的股東是阿里，餓了嗎就在原有的增長模式（比如區域擴張、客戶擴張）上找到一個新的流量入口和場景，那就是和阿里的「釘釘」結合，公司通過釘釘向加班的員工派發餓了嗎的餐飲補助券，釘釘就是一個流量入口。當然，這種

爆發由於具備指數化的特質，所以產品設計如果本身具備社會化連接的特性就更容易實現，比如「拼多多」、以前的「團購網」，都是這個原理。

最後一根線叫「天際線」。本質上，企業的基因、模式、資源，實際上決定了企業能跑多遠。前段時間網路上有篇評論很有名，一位觀察者為文討論騰訊有沒有夢想。從增長理論來講，這篇文章的內容本身就說明作者「沒有夢想」。為什麼我這樣說？因為一個企業的發展，起點是產品，產品先立得住，才能形成產品經濟，就像騰訊當年做QQ得以立足。但企業要繼續增長，接下來就得依托規模經濟、範疇經濟、網絡經濟和生態經濟。生態經濟會觸及到企業的天際線，天際線下企業將資源用槓桿的方式做到極限。所以，不是騰訊沒有夢想，是此評論者僅以一個產品經理的角色去看一個策略家的佈局而已。

我幫很多公司做增長推演，先談的就是這五根線。第一根撤退線研究的是策略態勢下是否應該撤退，可以怎麼撤退；第二根線是成長底線，即企業的哪些業務可以與客戶建立持續交易的基礎，持續不斷給企業帶來業務源；第三根增長線，是企業應該如何佈局增長的全景；第四根是爆發線，即業務如何迅速爆發；第五根線叫天際線。我把它們叫做增長五線，從五根線中我們可以看到企業的增長基因，這五根線描繪清晰之後，大概就可以看出企業的增長區間

有多大。

　　本章的最後，我想談談什麼叫真正的增長。視野決定格局，同一件事情，從不同的視角看，看到的界面、格局、態勢，都不一樣。北大經濟學家張維迎教授提到一個詞我非常喜歡，叫做「語言腐敗」。很多東西被亂用、濫用，就會出現「語言腐敗」，比如說「策略」，每本商業書籍都會提及「策略」，可是到現在為止，「策略」這個詞語的內涵還沒有形成統一的共識。又比如說「行銷」，菲利普・科特勒私下對我說，真正實現他界定的行銷的公司不到5％，目前絕大多數行銷長做的工作多為「行銷戰術」，而不是他想架構的「以客戶價值為中心的業務增長」。「增長」這個詞也一樣，目前充斥這各種說法，其實格局、視角是完全不在一個層面的，比如「駭客增長」，本質上討論的是客戶如何增長，但是在這之外，還有業務如何增長（這可能就是高階主管討論的核心增長策略了，也是本書的核心）；業務增長後還有利潤區如何增長，有很多公司有穩定的客戶群和完整的業務佈局，但就是陷入了利潤黑洞，沒有可以很好盈利的利潤區。而最後一種增長，是公司市值的增長，公司在股市上整體價值的提升。

　　本書的核心，是試圖打通策略和行銷，從而回到科特勒以及庫馬爾一直提及的──如何幫助公司形成以市場為核心的增長，我想，這才是識別「好策略、壞策略」，「好行銷、壞行銷」的金線。

# 02章

## 業務撤退線：
## 敦克爾克的設計

「一個良好的撤退也應和偉大的勝利同樣受到讚賞。」

——瑞士軍事理論家 菲米尼

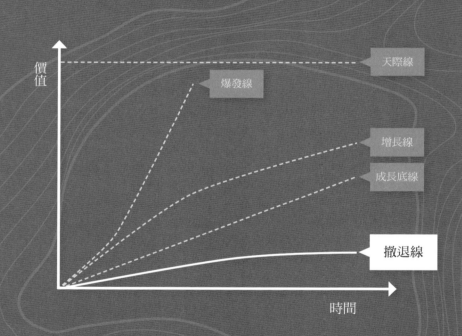

# 撤退線：反向增長的原理

關於撤退線，傳統的策略理論很少有人談。大多數人似乎都認為，撤退是放棄和認輸，會將自己推入「輸家可欺」的境地。而增長似乎都是在做加法，談到增長要素，就不斷疊加新產品，進入新市場；或者叫做乘法，把企業進行數位化連接，讓這種連接平臺化，再讓平臺生態化。在某個公司的董事會上，曾經有一位CEO對我說：「我們不會放過每個角落中可以掙錢的機會，絕不！」但是，無論是做加法和乘法，其增長維度都在假設越多越好，要不斷去進攻。雄心勃勃的征途上，這些舉措看起來事關重大，然而盲目的行動會讓決策層大失所望。

因此，這一章我先提出一個看法：有時候企業學會做減法、做撤退，就是在做反向性的增長。

《孫子兵法・軍爭篇》中說「歸師勿遏」，意在告訴各方兵家，撤退不等於潰敗，但一般人總把撤退和潰敗畫上等號。2012年，競爭策略之父麥可・波特（Michael Porter）參與創立的公司摩立特（Monitor）諮詢顧問公司申請破產，被德勤收購，導致了當年網絡上鋪天蓋地乃至傳播至今的新聞──「策略大師波特的公司倒閉了！」甚至對波特的「策略五力」模型也掀起了一陣陣質疑的浪潮。2014年，波特正面回應道：「我不是（摩立特公司）管理層，只

是提供支持……摩立特必須調整，必須重新定位。選擇之一是與其他公司合併，或者縮小業務範圍……摩立特基於它在金融崩潰中負債累累的處境，做出了破產的選擇，這是明智之舉。」寥寥幾語，折射出了波特對於摩立特「撤退」的看法——撤退線的設置不等於潰敗，在很多時候反而是明智之舉。

關於撤退，最經典的戰役莫過於發生在二戰時期的英法聯軍「敦克爾克大撤退」。1940年5月21日，英法聯軍被繞過「馬奇諾防線」的德軍機械化部隊快速擊潰，德軍將近四十萬英法聯軍包圍在法國東北部的港口小城敦克爾克，彼時彼刻，聯軍只有以這個小港作為海上撤退的出口。

但是由於英國對於戰爭形勢的預判不明，導致沒有足夠的登陸艦完成軍事撤退，而且敦克爾克港口極易受到戰機轟炸和炮火覆蓋，四十萬軍隊從這個港口撤退面臨著極大的風險和挑戰。英國政府組織海軍，同時動員人民自駕小船營救軍隊，預計目標是撤離三萬人。結果，在軍民的共同努力下，這支雜牌船隊在一個星期左右時間裡，救出了三十三萬五千人，完成了人類戰爭史上的奇蹟。

關於敦克爾克大撤退，英國史學家吉爾斯·麥克多諾在其《世界戰役史》一書中這樣評述道：「儘管英國遠征軍損失了所有裝備，而且只有訓練有素的部隊得以成功撤離，但是這次撤退為英軍保存了有生力量，具有重大的軍事意義。同時，大撤退的成功也大

大振奮了士氣。」

　　歷史不能假設，然而我們可以嘗試用虛擬變量來展開推演，如果英國遠征軍在敦克爾克全軍覆沒，後果將不堪設想。中國一位學者常子儀在《奇蹟般的撤退：敦克爾克戰役》中分析道：「不僅武器裝備難以為繼，可能就連士兵和軍官也無法湊齊了，由於這支軍隊幾乎囊括了英國陸軍的所有精華，因此它的損失可以說是無法彌補的。」我們也可以看到，後來「二戰」中的英軍著名將領，包括蒙哥馬利、亞歷山大基本都在這一批遠征軍中，一旦這些人戰死或被俘，英軍指揮系統將遭到無法恢復的損失。

　　此外，如果英國遠征軍當時沒有在敦克爾克撤出，更重大的打擊在於士氣與人心，以丘吉爾為首的主戰內閣將會直接面臨彈劾，而在內閣「鴿派」外交大臣哈利法克斯勳爵極有可能接任英國的首相和統帥，在哈利法克斯看來，「假如希特勒開出了並不會妨礙英國獨立自主的條件，那我們就應該加以接受，否則就太愚蠢了」。如果這件事一旦發生，「二戰」的結局可能改寫，自然就看不到雅爾達會議上巨頭們的會晤，就連中國的歷史也可能重寫。敦克爾克大撤退，是撤退一場戰役，贏得一場戰爭。

　　從敦克爾克看撤退線，我們可以看到這一根線的一些特質。首先，好的撤退尤其關鍵，在商業上亦如此，並非最好的策略都是進攻，撤退線對企業家、創始人以及 CEO 來講，有可能是保存後續

進攻實力的關鍵。

　　那什麼是撤退線？什麼是好的撤退線？如果要給出一個定義，我把它稱之為「企業或業務在增長路徑上找到最好的出售、去除、轉進的價值點，進行撤退」。必須指出，撤退線不等於逃跑線，不等於放棄線，而是「以退為進」。我的合作夥伴楊杜澤博士，師從哈佛談判學研究教父勞倫斯・薩斯坎德（Lawrence Susskind），我請他回顧近二十年的關鍵政策談判，他告訴我幾乎所有的談判都設計了「撤退線」，也就是桌面底下的最後籌碼。談判就是一張一張地將牌打出去，但是最後都有撤退那張牌，即談到最差條件時如何處理。企業家要學會設計自己的撤退線，知退方知前方可進之地。如果去矽谷，我們就會看到這裡有一群信奉「海盜精神」的創業者——他們創辦公司，把公司用戶、利潤區、價值做到一個階段後，就賣給大公司，比如說暢銷創業主題書《從0到1》的作者彼得・提爾（Peter Thiel），他曾在1998年參與創辦了PayPal，並在2002年以15億美元賣給eBay；此外，還有陳士駿把Youtube作價16億美元出售給Google，以及以190億美元天價賣給了Facebook的Whatsapp。所以，對於企業家而言，學會設置自己的「撤退籌碼」並不是不能提及的事。

# 用撤退線來重組你的業務增長

在企業策略理論的歷史思潮中，有一個極具影響力的工具叫做「情景規劃」（Scenario Planning），情景規劃最開始以軍事規劃方法的角色，出現於第二次世界大戰，當時美國空軍試圖推測競爭對手可能採取的措施，然後相應地制定反制措施。20世紀60年代，「蘭德」公司和曾任職於美國空軍的赫爾曼・卡恩（Herman Kahn）把這種軍事規劃方法演化成為一種用於商業預測的工具。得益於這個預測系統，荷蘭皇家殼牌石油成功地預測了1973年的石油危機。當OPEC（石油輸出國組織）宣佈石油禁運政策時，殼牌已經做好了充分的準備和石油儲備，而借力這次危機，殼牌一躍成為世界第二大石油公司，從此情景規劃為世人所重視。

撤退線應該是企業考慮的一種情境。在2018年中美貿易戰中，「中興通訊」損失嚴重。而正是這個時候，很多人翻到了「華為」創辦人任正非在六年前的一個內部講話：「我們現在做終端操作系統是處於策略的考慮，如果他們（指歐美）突然斷了我們的糧食，Android系統不給我們用了，Window phone 8系統也不給我們用了，我們是不是就傻了。我們做操作系統，做高階芯片主要是讓別人允許我們用，而不是斷了我們的糧食，斷了我們糧食的時候，備份系統跟不上。」所以，好的企業家，永遠會考慮最差條件下的

後路。

從企業的增長階段來講，也可以分為如下幾個階段：從0到1，從1到N，從N到N指數。從0到1的增長線上，企業如果設計撤退線，其關鍵在於把自己的價值點做出來，比如說獨特的科技能力、核心的價值認同，因為在這個階段，企業都是在做技術和市場測試，而壁壘性技術和市場的認可，直接決定了增長的基因質量；而在從1到N的階段，撤退線主要在於市場的擴張後，外部資源方對你企業的認可，生態相關型企業會去入股或者購買你公司的股權，所以如何和他們在增長階段進行有效連接尤為重要，比如最近兩年的外賣O2O行業，先有百度外賣整體賣給餓了嗎，又有餓了嗎全面被阿里吸納。

當然撤退線遠不止是如何把公司賣出一個好價格。我們對撤退線的定義是「企業或業務在增長路徑上找到最好的出售、去除、轉進的價值點，進行撤退」。

接下來，我們就把這三個環節一個一個分開來談。

## 撤退：找到最佳出售價差點

第一點，即企業或業務在增長路徑上要找到最好的出售點，其

關鍵要在生命週期最有價值的轉折點撤退，這個轉折點很重要，最佳點是公司外部價值認知和內部最優判斷有正向價差的時間區間。

　　大陸福州有一家互聯網公司叫做「網龍網絡」，在香港交易所上市，主要從事網絡遊戲、移動互聯網應用項目的開發營運，也同時把業務擴展到在線教育、企業訊息化行業。我去過這家公司，它給我最深的印象有兩個：第一個是它的辦公樓，位於福州機場旁邊，從天空俯瞰，與美國電視連續劇及電影《星際迷航》（Star Trek）中的「聯邦星艦企業號（USS Enterprise）」一模一樣；另一個則是這家網絡公司的董事長劉德建，他是大陸最早的網絡遊戲研發專家之一，2003 年「搜狐」公司收購了他的「17173」遊戲門戶網站；十年後的夏天，他的「91 助手」被「百度」公司以 19 億美元收購，成為當時中國互聯網史上最大的一個併購項目，這期間劉德建還讓母公司網龍在香港上市。因為這兩筆成功的被收購，網龍成為福建最大的互聯網公司之一。

　　關於 91 助手的這筆交易，如果我們從 2013 年這個時間點再往前推六年看，會發現這個故事更加富有傳奇色彩。2007 年，熊俊將 91 手機助手的雛形 iPhone PC Suite 僅以 10 萬元人民幣賣給了劉德建的網龍網絡，加入網龍後熊俊開發了 91 助手 alpha 版，僅僅六年過後，網龍在 91 無線業務線上的撤退，讓交易價格翻了十萬倍以上。

2007年，正好是中國移動互聯網起步發展的時候，在這個風口下，91助手在5年的時間裡取得了巨大的成功。當時很多人不會用蘋果的App Store，於是91助手在中國創造了「越獄」這個市場——要先越獄，得用91助手裝APP。2012年9月，91助手累計用戶數量達到1.27億，安卓市場貢獻超4800萬；兩大客戶端平臺共上線超過70萬應用，累計下載量高達129億次。而91助手在iPhone和Android兩大智慧型手機客戶端的市場滲透率分別超過80％和50％，91助手形成了優質的移動互聯網入口。

在2013年這一移動互聯網發展的關鍵年，91無線（全稱「91無線網絡有限公司」）實質上已經處於企業從1到N後期的發展階段，這個時候，91無線面臨三種可能的發展趨勢：維持原狀、上市、發展併購。而在這個關鍵節點，網龍為什麼撤退出91無線？為什麼在這個時候設置撤退線？

現在我們重新梳理一遍網龍的策略假設。如果繼續做91助手，91無線已經形成「用戶—開發者—平臺」的生態圈，以巨大的用戶量和用戶習慣為基礎，獲利模式為廣告收入＋遊戲聯運，營收狀況良好，在2013年收入有望突破8億元，是維持母公司網龍股價堅挺的中堅力量。而也是彼時，這個入口領域從無人注意到不斷有巨頭、挑戰者進入，競爭對手也看到這個入口的價值，包括360強勢崛起，91助手的市場份額下降，收入更加依賴遊戲聯運。換句話

講，這個業務不存在壁壘，只要有充足時間，商業模式可被複製。同時，91助手作為獨立的第三方應用，缺少重要的導流方式。

再從當時上市的可能性看，91無線確有上市計劃，在前期接觸了包括新加坡主權基金「淡馬錫」、香港「電訊盈科」主席李澤楷、衛哲旗下基金以及「紅籌之父」梁伯韜等多名策略級投資者。李澤楷等人的相關資源是可以給網龍在香港上市鋪設通路，且91無線相關產品在未來可借助電訊盈科營運商進入香港及東南亞地區。除此之外，91無線預備選擇「介紹上市」的做法，來實現股權不被稀釋。然而盜版的背景成為91無線上市的阻礙，91助手上由於有大量存在版權問題的應用而廣受詬病，且91無線在謀求上市時，其產品91助手仍然提供iOS越獄服務，並遭受多家版權投訴。除此之外，其母公司網龍的市值飆升借助的是91無線業務的飛速發展，91無線獨立上市後網龍股價勢必重跌。

正如前面所分析，91無線上市存在巨大不確定性，而資本市場給出的不錯估值也使賣出91無線成為良好的選擇。BAT（百度、阿里、騰訊）三大巨頭均參與了91無線的收購，百度和阿里的競爭最為激烈，競爭對手「360」也參與其中。騰訊曾和網龍接洽，價格上未達成一致，同時涉及騰訊自身「應用寶」及配套導流入口的現實因素等，使得騰訊最終退出併購案；360始終積極介入併購案，期望阻止百度的併購，但是360與91無線此前合作破裂的恩怨使得

雙方難以達成共識，但是360的介入的確在提高91無線出售價格上造成了影響；阿里全程積極期望實現併購，甚至給出20億到22億美元的高價，在完成「盡職調查」後，最終給出18.6億美元的價格；最終91無線接受了百度19億美元的報價和一席董事席位。

　　前面談到，什麼是好的撤退？我們可以回到2013年的棋局現場，首先的問題是：百度為什麼要買？2013年的百度，還被認為是傳統PC桌面搜索的中心，對於百度而言，如何抓住移動互聯網的入口尤其關鍵。91無線的業務相對更加聚焦——天生的移動互聯網入口，過億的用戶群，最重要的是這時「手遊」的發展也處於成長期，所以百度的策略考量因素就是買「入口」。阿里的移動互聯網轉型佈局非常早，比如電商轉型，購入「新浪微博」、「高德地圖」的股份等等。而百度相較於BAT其他兩家巨頭來說佈局略微緩慢。百度期望從三個方面——移動搜索、應用分發、生態系統來進行佈局。百度在移動搜索上能實現快速佈局，但是應用分發和生態系統都是需要足夠長時間才能建立起來的，而91無線能很好地在這點上和百度形成業務協同效應，所以，**趨勢、入口、門票、速度、面對競爭的底牌**，這都是百度為什麼重金購買91無線的原因。

　　這些要素也是網龍設置撤退線時可以下的「棋子」。從撤退線的角度來看，網龍做得漂亮。前面我們討論到，**撤退線的最佳點是公司外部價值認知和內部最優判斷有正向價差的時間區間內**。雖然

從公司規模和實力上來說，91無線不敵百度、騰訊、阿里、360這樣的大公司，但是在越獄市場，91沒有遇到過對手，在移動互聯網的風口上，利基市場也可以賣出天價。網龍踩的撤退點非常精準，可以看到的是，也正是過了2013年這個時間點後，91助手的價值開始迅速下滑，這個點正如拋物線的頂點，過了此時此刻，可以出售的價格可能存在天壤之別。

　　歷史不能假設，但是結局可以比較。創立於2009年的「豌豆莢」也是中國大陸風靡一時的應用分發平臺，其小清新的風格深受年輕人喜愛，先後獲得多家公司巨額投資。豌豆莢創立於移動互聯網的爆發點，得益於其對用戶使用習慣的洞察，它採取「PC端管理手機軟體」的獨特方式在第三方應用分發平臺中脫穎而出。2013年豌豆莢拒絕了百度及其他家的併購邀請，堅持獨立發展，2014年阿里報價15億美元收購豌豆莢，但因豌豆莢投資人認為價格過低未成功，最終在2016年7月，阿里以2億美元的價格收購豌豆莢的核心產品——應用分發市場，至此，豌豆莢一分為四。因此，91無線在這個關鍵節點急流勇退，依附擁有更多資源和通路的百度是明智的選擇。

　　策略撤退也不是網龍一家之舉。我們再來看下WhatsApp的故事，2009年，兩位雅虎離職員工美國人布萊恩・艾克頓（Brian Acton）和烏克蘭人簡・庫姆（Jan Koum）創立了手機簡訊的代替品

的WhatsApp。從功能上看，WhatsApp簡潔明瞭，幫用戶收發訊息。相比於亞洲地區聊天應用如：微信、Line、KakaoTalk裡的卡通聊天表情、遊戲、社交圈分享等功能，WhatsApp可以說是個另類。然而不到5年時間，WhatsApp在拉美和歐洲地區的iPhone市場佔有率超過90％。這也是為何Line和微信在歐美市場舉步維的原因，Facebook斥資收購WhatsApp的強勢理由有二：

首先是獲取用戶，Facebook已然是全球最大的社交平臺，並且擁有Facebook Messenger這款社交軟體，但在IM（即時通訊）市場中，WhatsApp依然是歐美市場的壟斷者。

第二是整合商業模式，用戶群的導入後，商業模式的盈利可能性會更加豐富。Facebook可以基於用戶做進一步的細分和深挖，借鑒Line、微信等模式中的免費使用＋社交遊戲付費的方式。再者，收購WhatsApp有助於Facebook實現祖克伯納入全球用戶的夢想，這也符合Facebook國際化的路線。

對WhatsApp而言，賣給Facebook也是有利可圖：WhatsApp最終會商業化，而Facebook在邁向商業化上已經有了足夠的商業經驗，其次，依靠大平臺後有利市場拓展。如同微信很難進入歐美，WhatsApp同樣也很難進入中國。目前三大IM軟體在全球跑馬圈地的初期已過去，這時選擇更大的平臺會有更大的可能。同時，可以更專注產品和用戶體驗，接入大平臺後，WhatsApp可以繼續延續

自己產品的發展，更為專注，所以在這項撤退上是雙贏。

## 去除：精益增長的秘訣

　　樂高集團的執行董事長與前CEO喬根・維格・克努德斯托普（Jørgen Vig Knudstorp）曾敏銳地指出：「公司不會死於饑餓，只會死於消化不良。」所以第二種設計撤退線的思路叫做「去除」。與追求大而全的增長模式相反，一旦企業出現增長邊際效益嚴重遞減，出現利潤區黑洞時，另一種增長模式的核心就在於做減法──減業務單元、減組織、減目標，把這些資源回饋到最具馬太效應的業務上去，保證利潤的可持續性和自我循環。

　　我們來看看卡夫食品公司的案例。2006年，卡夫食品面臨著增長黑洞的威脅，其在中國市場的營業收入不到每年2億美元，和其世界五百強的品牌地位毫不相符。而且更讓CEO感到擔心的是，卡夫食品強有力的產品組合，包括通心粉到Oreo餅乾，都沒辦法打開這個僵局，市場就是停滯。整整十年，卡夫全球領導層為了開發中國市場，做出了大量的決策，但結果就是得不到好轉。為了提高市場的佔有率，卡夫不斷推出新產品、發展各種新品牌項目，但是收效甚微，投入和產出完全不對等。無限制的擴張，換來

的是收益的黑洞，「公司業務進入了惡性循環」，當時的卡夫食品中國區CEO戴樂娜說：「我們都知道，也試過各種方式，但是簡單擴大業務規模並不能將我們帶出增長的泥潭。」

少即是多。簡單的業務擴張反而有可能形成利潤黑洞，在這時候有一張思維底牌就是精簡式增長，砍掉發展時增加的「不必備的組織」，砍掉那些不具備自身造血能力，同時不具備生態作用的業務，把自己精簡成一條蛇，迅速而嗜血。

卡夫食品國際部的總裁桑傑在這時負責發展中國家市場業務，提出了一個與傳統十年所完全相反的增長計劃，然而，也確實從這個反向增長計劃開始，卡夫在海外市場找到轉機。這項增長計劃的核心原則是：第一，精簡業務，減少增長目標的對象，將目標設得更遠大，集中精力到有勝算的業務，把試探性的業務全部精簡；第二，大膽創新，重組資源，提高資源使用效率，將資源放在有潛力的項目上；第三，降低溝通成本，讓組織簡單；第四，執行第一，不斷試驗調整。

基於這樣的增長原則，卡夫召開管理人員與增長專家的主題大會，這個會議的主題是找出當時正在盈利以及未來三年可以預測盈利的業務，其他部分業務停止盲目擴張，資源全部傾斜到增長快、利潤高的業務，也就是「波士頓矩陣」（BCG Martix）裡提到的「明星業務」。卡夫管理層還提出公司全員要避免無效會議，拒絕成堆

的會議紀要。在此基礎上，卡夫的CEO把這個在發展中國家市場的新策略，叫做「5-10-10」增長策略。

什麼是「5-10-10」增長策略？即卡夫對公司現有的數十種產品線，超過150個品牌、以及覆蓋60個國家的業務組織，進行「瘦身」做減法，最後把資源集中在5種最暢銷的產品、10個發展態勢最猛的品牌以及10個主要國家的市場之上。這張減法性增長，使得資源高度集中，把業務王牌放大到具有壓倒性的優勢。同時，由於「5-10-10」這個策略是高層一起參與實施的，所以有一種策略緊迫性，目標清晰、可以落實。

「5-10-10」增長策略實施五年後的效果如何？到2013年，卡夫食品全球發展中市場的營業收入從50億美元升到160億美元，平均增長率達兩位數，利潤率提升了50％，2012年，卡夫中國的營業收入超過10億美元。在中國市場（一個他們原本即將放棄的市場），Oreo的銷量衝到餅乾市場前三名。還有一個明星品牌卡夫果珍，在增長策略實施前用了半個世紀，在發展中市場做到5億美元，而2013年超過10億美元。

已故的賈伯斯（Steve Jobs）也是通過減法式擴張來運作蘋果。1997年，賈伯斯重返蘋果時公司擔任CEO時，賬上的現金僅夠運轉兩個月。賈伯斯憑著「捨九取一」的魄力，果斷砍掉多餘的產品設計及組織體系，重新確立增長方向。在產品上，他大幅精簡產品

線，根據「普通用戶／專業用戶」以及「桌面電腦／筆記型電腦」兩個維度，規劃了一個二乘二的矩陣，將蘋果原本多而雜亂的產品線刪減到僅保留四款基本產品，著力提升這四款產品的獲利能力。同時，賈伯斯也將「簡單」的思想應用在產品設計上，比如外殼顏色、螢幕設計等，樹立獨特的簡潔「蘋果風」。在組織體系上，他大刀闊斧改造供應鏈，將蘋果由重資產營運轉向輕資產營運。關閉美國工廠，將製造業務進行海外轉移，降低管理成本和提高資金運轉效率。建立官網開闢網絡直銷通路，將經銷商刪減至僅保留一個全國性經銷商，大幅降低庫存風險，增加公司現金流，這個減法式策略是蘋果再次崛起的前提。

中國「美的」家電的CEO方洪波先生也是做減法的高手。2012年擔任美的CEO之時，他所面臨的狀況是大陸市場產能過剩、海內外市場日益萎縮。美的集團於2011年下半年開始推進「急剎車」式策略轉型。它以「產品領先、效率驅動和全球經營」作為集團策略轉型的三大策略指引，實施從業務到組織人員的瘦身措施。

美的最主要的措施是聚焦。在1993年到2009年的17年高速擴展期，美的公司採取了事業部相對獨立的發展模式，各事業部可以決定投入什麼項目，以及生產。到了2011年，美的的產品型號達到2.2萬個，雖然2010年美的集團收入破了一千億人民幣，但是進行投資收益盤點後發現，這種四處出擊的機會型市場擴張模式，淨

利潤竟然比不上單一產品的同行，比如「格力」。方洪波上任CEO後，要求各事業部對旗下業務進行重新清理，進行策略性取捨，通過設置各種評分的維度，比如投資收益率、市場佔有率等，對各個業務進行考核打分並排名，剔除因缺乏核心競爭力長期虧損以及規模過小利潤微薄的業務項目和經營品類，精簡產品線後，美的的產品從最多時的22000多個減少到2000多個，並將以前產能過剩時擴大的廠房和工業園全部關掉，同時裁員7萬人。

　　CEO方洪波先生給美的做的大外科手術以「減法」為核心，聚焦在競爭力最強的產品上，垂直深潛下去，把客戶價值做透。這個策略調整後四年，美的2016年進入世界500強，是白色家電行業唯一的一家，美的2017年的稅後淨利潤達到186億元，每天盈利5100萬。這叫做撤退式增長。

## 轉進：以退為進

　　有時候，撤退甚至是一種為了取勝而做出的主動選擇。歷史上，許多主動撤退的部隊，看似被動潰敗，其實是為掩護部隊能夠安全撤退，行動之前都會預先選定和準備好適合發動埋伏攻擊敵方追擊部隊的戰場地點，而且在轉移撤退到安全地帶時歸心似箭心態

下，全軍的士氣反而集中，做到視死如歸，作戰能力有所增強。

撤退也不總是弱勢者的選擇，有時候是「以退為進」。著名的「特洛伊木馬」，就是因為希臘聯軍圍困特洛伊，久攻不下時另闢蹊徑佯裝撤退，留下一具碩大無比的空木馬，將希臘士兵藏於木馬腹中，結果特洛伊士兵中了「木馬計」，將木馬作為戰利品運回城。在深夜時分，躲藏在木馬腹中的希臘士兵將特洛伊城門打開，希臘聯軍兵臨城下，攻陷特洛伊。

競爭是企業經營過程中的必修課，產業訊息越透明，傳統產業界限就越模糊，企業面臨的競爭從同一緯度的傳統競爭擴展到多維度滲透競爭。如果競爭對手強大到難以擊敗，策略撤退不失為一種明智的選擇。一方面，策略撤退以低姿態麻痺對手，不會進一步刺激對手形成競爭升級；同時，通過策略撤退可以使企業集中使用資源，更迅速地進入新領域，從而獲得新的機會。

「哈勒爾」公司是美國一家銷售噴液清潔劑的小公司，它在美國有50％市場佔有率。但寶僑家品公司突然進入了這個市場，經過冷靜分析，哈勒爾公司決定主動採取暫時撤退策略。在寶僑家品公司進入丹佛市試銷時，哈勒爾公司中斷供貨和一切促銷活動，造成噴液清潔劑產品供不應求的假像，於是寶僑家品公司開始加大規模生產以投放全美市場。這個時候，哈勒爾公司適時搶先低價傾銷，引導消費者大量購買，以致消費者半年之內不再需要買清潔劑，致

使寶僑家品公司同類產品長期滯銷，被迫退出噴液清潔劑市場，這是典型的以退為進市場策略。

美團創始人兼CEO王興曾多次撤退，他的撤退都是為留住其「團隊」。2018年9月20日，王興如願在香港交易所敲鑼上市，「美團點評」也憑藉72.90港元的開盤股價、510億美元的市值，一舉成為繼BAT後的中國第四大互聯網公司。王興從2003年一腔熱血回國創業，到2018年在香港敲鑼上市，在創業圈摸爬滾打了15年，被外界稱之為「九敗一勝」，但一路從「校內」、「飯否」、「海內」到美團等產品，王興早期的創業夥伴們都在，現在都是美團網的骨幹力量，九敗的王興，正是靠撤退保住了團隊，每一次撤退，都為下一次興起埋下伏筆。

## 做減法式增長的「陷阱」

做撤退、做減法也有「陷阱」，而避免陷入陷阱的核心在於如何用一套有效的規則來做減法。奇異（GE）的前CEO傑克‧威爾許（Jack Welch）在全球享有盛名，曾經創造了奇異的商業奇蹟。威爾許有一個著名的「數一數二」策略——GE集團旗下的任何一家企業，如果不在市場競爭中佔據第一和第二的位置，GE就會將其整

頓、關閉或出售。在威爾許擔任CEO的期間，GE出售了價值110億美元的業務資產，大規模裁剪業務範圍，然後把資源供給到行業中數一數二的業務公司。GE在重組中增長，營業額由270億美元攀升到1290億美元，並連續多年名列《財星》雜誌「最受尊敬的美國公司」榜首。

據說威爾許在上任後的第一個週末就去拜訪了彼得・杜拉克，見完杜拉克後便開始在GE執行數一數二策略，以做減法獲取增長，威爾許時期成為整個GE歷史上增長最快的一個時期。但是，如果這個故事你只聽到這，就把這種「減法」方式簡單複製到自己的公司，那麼在策略落實時一定會出現問題。事實的真相是，數一數二策略作為典型的撤退後聚焦的增長策略，最開始實施的時候並不成功。

有一年我去GE參觀，GE的諮詢顧問跟我聊到「數一數二策略」背後的另一個故事。當數一數二策略被執行後，並不成功，因為下屬公司CEO在第二年過來集團彙報時，每個公司都聲稱自己在這個產業裡都是數一數二的，為什麼呢？舉個例子，比如說我做遙控筆，我會把自己界定在某個細分領域當中的遙控筆，故意把「總池塘」做小，按照這個界定領域評判，就已經做到數一數二，換句話說，行業的界定是實現「數一數二」的關鍵。上有政策，下有對策，當時威爾許發現這個策略難以實施。

　　後來有一次威爾許去某軍校聽演講，軍校的軍官對他點出了問題關鍵：「你的目標設置有問題，造成你們下屬公司的CEO，都在試圖將業務池的定義縮小。」威爾許回來後便開始反思，他在筆記中這樣寫道：「原來整整15年來我苦心所經營的數一數二策略是個偽概念，因為大家都在想辦法把自己直接界定成第一或第二。」於是他重新界定了數一數二策略──所有業務公司的CEO或一把手所界定現在的事業群，占所界定的整體市場份額的比率，不能超過10％。如果高於10％，CEO們需要再重新界定一個細分市場。只有這樣界定成功之後，數一數二才能成為真正做減法的增長策略，才真正構建了GE的傑克威爾許時代。

　　談勝之前要先把自己置於不敗之中，正所謂「反者道之動」，學會撤退，是討論如何增長的第一前提。

03章

業務成長底線：
業務基石的設計

「一家好的企業，是能夠建立持續交易的企業。」

——著名策略諮詢專家 包政

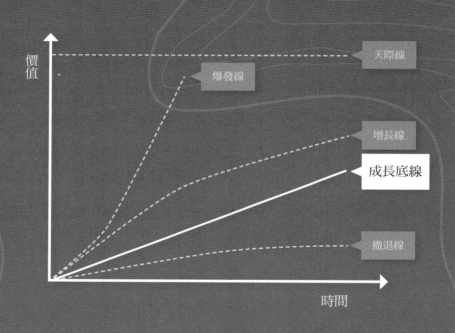

# 業務底線：你的基石增長在哪兒

上一章中我們闡述了撤退線的意義與設計，我對撤退線給出的定義是「企業或業務在增長路徑上找到最好的出售、去除、轉進的價值點，進行撤退」。這一章我們談增長的另一根重要的線，我把它叫做「成長底線」。

我每年至少會參加一百多家企業的高階主管會議，看到很多雄心勃勃的CEO們高談闊論他們的增長策略計劃，當我們在一起設計企業增長路徑時，我往往會向他們拋出這樣一個問題：「你有沒有設置好你的業務成長底線？」所謂底線，也就是公司或者業務發展的生命線，也稱「增長基石」。企業的增長和人的發展一樣，是有階梯性的，底線是所有增長線設計的基礎，這條線上的業務創造不一定能給企業帶來高額的利潤，或者巨大的銷售收入，但是這條線起碼有一條極其重要的作用，那就是保護公司基礎業務的生死，為企業向其他地方擴張提供基礎的養分。

成長底線，是企業能夠健康穩健發展的一條線，一家會做增長設計的公司，也會把增長策略做得波瀾不驚。中國古代有「蕭規曹隨」的說法，指的是漢代開國宰相蕭何順應民意，制定了一系列鼓勵人民生產的積極措施，到了曹參當丞相的時候，他韜光養晦跟隨節奏，最終使得漢初能夠得以快速復興，故揚雄在《解嘲》中說：

「夫蕭規曹隨，留侯畫策。」所以我們看到世界500強以及中國500強中的一些企業，可能有些名字你都沒有聽過說，但是發展極其穩健。當年王石在制訂「萬科」集團的發展規劃時說，「萬科的未來需要波瀾不驚」的故事，大概也指這個。

那企業的增長設計有沒有「蕭規」？有沒有實際上已經決定了企業有無可能穩健發展的底線？

## 亞馬遜所構建的業務成長底線

我們先看亞馬遜的案例。2018年9月，亞馬遜市值突破1萬億美元，成為互聯網領域市值最高的公司之一，是商業史上第二家突破萬億美元市值的公司（第一家是蘋果），不斷往「天際線」擴張。但是重要的不是結果，是邏輯，一家沒有成長底線的公司，何談天際線？沒有城池的鞏固，再大的擴張也形成不了帝國。讓我們把時光往回拉，看看亞馬遜是如何構建成長底線的。

亞馬遜早期的客戶流量獲取與中期客戶終生價值鎖定幫助其構建了自己的成長底線。1996年夏天，也就是亞馬遜剛剛成立後，面臨著同行的競爭，貝佐斯實行了一項稱之為「客戶流量導入策略」，即和外部各種網站談合作，當其他網站把用戶連接到亞馬遜

來購書時，亞馬遜就會給其他網站一定的分成——亞馬遜可以為這些授權網站的推薦行為支付8%的傭金。早期的這一策略使得大量網絡生態在為亞馬遜導流。大流量入口的接入可以幫助很多網絡企業建立增長源，一號店創立時，為了獲得用戶，曾在上海通過下線廣告、小區傳單、地鐵廣告進行攔截，效果並不明顯，最後找到一個突破口——與當時的互聯網流量大入口「天涯社區」（大陸著名的網路論壇）進行合作，將天涯的用戶導入到一號店，發現這個模式有效後，一號店將其複製到了其他合作方，通過半年完成了一號店早期的用戶積累。

　　亞馬遜一直在強調客戶體驗，因為只有良好的客戶體驗才能保障導入的流量有效變成自己的客戶池。從早期的電商圖書市場來說，Bookmatch是亞馬遜一個重要的競爭對手，Bookmatch的模式是讓客戶對幾十本商品書進行評價，根據人與商品的數據推算出這批人喜歡什麼樣類型的書，Bookmatch的模式正如其公司的名字一樣，要做到「書和人的最佳匹配」，他們試圖用這個方式深挖用戶的錢包份額。所謂錢包份額，在這裡指的是客戶的購書量，占他所有購書金額的比例，如果過低，說明公司的業務與客戶之間的關係是脆弱的。而亞馬遜洞察到了Bookmatch這種模式下客戶的痛點——亞馬遜發現，一般情況下，買書寫大篇評論的用戶占2%還不到，一個原因是當時大家還沒有形成互動點評的習慣，還有一個更

重要的原因是麻煩，用戶寫評論耗時，又得不到直接的激勵。於是亞馬遜從這個痛點切入，開發出一套簡單程序，這就是後來不斷演化出的「智能推薦，Smart Push」，憑藉以往購買的書來推薦書單，把具有相同購買記錄的顧客集中到一起，然後推出一組同類顧客感興趣的書單，這就是「同質化推薦」（Similarities）。該程序上線後立即引起了銷售額的暴漲。從這開始，亞馬遜逐漸把流量池變成了客戶池，公司與客戶開始建立持續交易的基礎。

貝佐斯一直提出「把錨放在消費者價值」上，很多公司也在學亞馬遜，學習它如何「實現客戶價值」，而我在這裡想揭示的是，客戶價值很有多要素構成，一個公式是：客戶價值＝客戶讓渡價值＋比較價值。客戶讓渡價值指的是公司為客戶創造的綜合收益減去客戶成本所形成的價值，而比較價值指的是與競爭對手相比，你企業的價值優勢是什麼。換句話說，哪怕你為客戶創造了無窮的讓渡價值，但是如果沒有競爭優勢，客戶並不買單。正如空氣和水為我們人類創造了無窮的價值，可是我們為它們付費最少。

獲得競爭優勢並不等於就有了業務成長底線，真正幫助亞馬遜完成成長底線的是2005年推出的Prime會員制度。前面我提到，好公司是能夠與客戶建立持續交易基礎的公司，因為一旦形成粘性、可以持續交易，公司的價值就可以按照客戶的終身價值來進行貼現計算。在這個經營邏輯下，一方面要把流量池變成客戶池，另一方

面要把客戶池中最有忠誠價值的客戶有效鎖定。在這個增長邏輯下，亞馬遜是怎麼做的呢？

　　為了把流量池轉換為客戶價值池，並形成公司的利潤池，貝佐斯在一方面堅持「天天低價」策略，率先在電子商務行業推出了「滿99美元免費送貨」的政策，之後並不斷降低免配送費的門檻，進而於2005年5月推出自己的會員體系「Amazon Prime」。如果我們把網絡購物的客戶進行細分，其中有一個重要的細分維度就是購物頻率，頻率越高，該客戶對企業的價值越大。可是我們往往看到，在一些電商平臺上購物時，每次購物所發生的物流配送成本，並沒有因為頻率而進行折扣，這造成了有相當一批客戶把貨物存到一定量後集中購買。亞馬遜認識到這是一個「鎖定客戶」的機會——我把這種策略叫做「鎖銷」，即用一個方法把客戶未來的消費行為進行鎖定。

　　亞馬遜用Prime把超級用戶挖出來，形成自己強有力的根據地與利潤池，Prime成為亞馬遜構建成長底線的基石。之後，亞馬遜Prime 會員體系又增加免費提供Prime Instant Video（會員串流媒體視頻）服務 ，使得 Prime 的吸引力越來越大。鎖定客戶，就是給客戶建立了退出壁壘。據亞馬遜發佈的數據，Prime會員在亞馬遜上購物的金額和頻率平均五倍於非會員，亞馬遜也可以獲得相當一批客觀的年費收入。加入亞馬遜Prime，亞馬遜會員不僅能享受隔天

即到的快遞速度，也沒有所謂的最低起送價，此外，會員能看到更多的電影、電視和電子圖書。在中國，亞馬遜Prime的會員費為人民幣388元／年，權益目前包括：數百萬海外購商品免郵，全年無限次；海外購單筆訂單滿200元可享免費（不含進口稅）；國內訂單零門檻免郵，全年無限次，精選Z秒殺優先購，免費無限次閱讀Kindle電子書等。

截至2017年6月底，美國亞馬遜的Prime會員達到8500萬人，相當於10個美國人裡就有3個購買了Prime服務。2018年4月18日，貝佐斯在最新一封致股東信中，公佈了Prime會員的明確數量：「在上線13年之後，亞馬遜在全球擁有了超過1億Prime付費會員。2017年，亞馬遜Prime在全球配送了超過50億件商品，這一年無論在全球還是美國Prime會員的增長數量都超過了往年。」

什麼是亞馬遜的成長底線？這1億個高頻率交易的「鎖定」客戶和100億美元的Prime會員費就是亞馬遜成長底線！亞馬遜2017年會員費收入97億美元，從實際效果看，數據顯示亞馬遜Prime用戶年消費額為人均1300美元，非Prime會員人均為700美元，差額達到600美元，也就是說會員體系幫助亞馬遜多獲得了近600億美元的收入。

更重要的是，在這個土壤下，亞馬遜可以試驗各種擴張方式，當然有成功有失敗，但是沒有關係，只要底線在，亞馬遜的未來根

本不用擔心。換句話說，亞馬遜對未來的各種增長測試即使失敗，不會傷筋動骨。根據華爾街公司Needham統計，隨著Prime會員體系及其電商市場的進一步擴張，到2021年，亞馬遜在零售市場份額可能將增至50％。

　　擁有成長底線的公司有什麼好處？第一，獲得穩健成長的業務基礎。一個沒有成長底線的公司，業務一定是波動、起伏不定的，這就是為什麼中國市場上很多公司面臨著我戲稱的「凱恩斯困境」——所謂「凱恩斯困境」，指的是業務的增長大多依賴於外部的刺激，就像20世紀三十年代美國大蕭條時期，凱恩斯鼓吹刺激政策，貨幣與財政政策一擴張馬上就刺激經濟增長，可是刺激政策一停下來，經濟增長就面臨停滯。很多企業的增長也存在「凱恩斯困境」，給資源刺激，企業就會增長。然而這種刺激也會造成一個惡果，叫「增長的邊際效率遞減」，很多企業家現在發現越投入增長刺激，所能得到的增長效率遠遠不如以前，可是他們不敢停下來，因為停下來業務增長率就會停滯。這就像過去福建晉江服飾品牌面臨的問題，他們曾經依靠「明星代言＋央視廣告投放」的方式殺到了風口浪尖，但是風一停，經濟增速降低加上消費者更新換代，這些品牌一夜之間掉了下來。

　　第二、擁有成長底線的公司，就具備了一定的定價權。企業家們都知道定價，但是未必清楚定價權。一家公司的定價，是受到自

身成本結構、客戶認可度、競爭對手定價等多個要素的影響，而有定價未必有定價權。如果一家公司擁有了豐厚的客戶群作為成長底線，它是具備一定定價權能力的，定價權也反映出公司對產品或者服務是否具備提價的能力。我們以路易威登這家公司為例，十年前我們去巴黎香榭麗舍大街「路易威登」專賣店去買東西，是會被限制數量的，而且路易威登會每三年調整一次價格，為什麼他們要這樣做？目的就是為保持品牌的稀缺性，而保持稀缺性的前提是路易威登在全世界有一批超級忠誠客戶，這幫人的重複購買以及新興市場的增長區間，可以幫他們有效構建出這條成長底線。

　　第三，擁有成長底線的公司，才有多業務擴張的選擇。今天我們看到騰訊、阿里不斷進入新的領域、新的行業，這是與原有策略學領域「謹慎多元化擴張」的觀念相悖的。但是為什麼騰訊、阿里，包括我們上面提到的亞馬遜可以不斷進入新領域？原因就在於它們有條業務底線，它們的底線就是它們的粘性客戶，以及這些客戶未來可以實現的終身價值。換句話講，哪怕新進入的市場失敗，只要底線還在，公司的價值不會受到影響。構建了底線，一家公司去做增長線、爆發線，乃至是後面我們談到的天際線，才有可能實現，才不是增長幻覺。

## 星巴克的增長基石與其成長底線

　　如果說Prime構建了亞馬遜增長的業務底線，那星巴克的「星享卡」也是星巴克構建增長基石的秘密武器之一。星巴克是諳熟構建增長基石和成長底線的高手，在任最久的前CEO舒茨（Howard Schultz）反覆在致股東的信中提到，只有客戶資產才是星巴克擴張的基石。從選址、客戶體驗塑造、客戶數位化投入，星巴克都是圍繞著把客戶鎖定的策略來操盤的，舒茨反覆說，星巴克要把忠誠度管理上升到第一策略高度。

　　我們看看星巴克是如何來構建「鎖定客戶」這根成長底線的。星巴克於2001年在美國市場推出禮品卡，然後把此項業務向成熟性的市場複製擴張，此業務現在也已經進入了中國。在推出禮品卡之前，星巴克請諮詢公司做了一項市場策略諮詢，發現美國市場上每年有價值1000億美元的各種類型的禮品卡存在，而有93％的美國人購買或者使用過禮品卡，平均消費達到213美元/年。既然星巴克在品牌層面已經獲得了消費者的青睞，那為什麼不把這種與消費者之間健康的品牌關係，運作成一種策略資產呢？星巴克興起後，其實也有很多競爭對手緊跟，比如Costa咖啡，而在終端最後一刻的競爭總是極容易陷入紅海，換句話說，假如早上9點，消費者在上班前買一杯咖啡，選擇哪個品牌可能憑的是習慣，可能拼的

是優惠，可能依據的是離辦公室樓的遠近。但是一旦被「鎖銷」，這個戰場就從終端的紅海往前移，這才是客戶經營的戰場。

星巴克是最先推出禮品卡的公司之一。最開始這項設計的初衷是希望增加星巴克的社交性，把星巴克卡作為禮品贈送。然而反饋回來的數據顯示，只有約25％的客戶買這張卡是為了贈送，大多數客戶是高頻客戶，他們認為這種方式能夠節省結帳的時間。在這個洞察下，星巴克果斷調整策略，因為高頻使用卡的客戶是忠誠客戶，可以把卡與這批忠誠客戶的個人訊息進行關聯。以前星巴克把咖啡賣出去給消費者，但是具體賣給了誰，這些人在哪兒，怎麼聯繫，這是星巴克所不知道的，用現在新零售的話講叫做「人 - 貨 - 場」沒有打通，但是一旦把卡與客戶關聯，星巴克就知道了哪些人是它的超級用戶，星巴克的業務成長底線有多長多寬。並且星巴克為這些客戶提供了一個解決以前痛點的方案：如果客戶卡丟失，星巴克可以進行補款，這一特點滿足了高頻客戶對於金額損失的擔憂。星巴克把這些策略複製到全球，僅2015年全年，就銷售了50億美元的禮品卡，這已經占到了星巴克全年銷售額的近25％，換句話講，這幫忠誠客戶可以為星巴克一年1/4的銷量托底。2017年1月份，星巴克宣佈其推出的存儲禮品卡和移動應用中所流程的現金已經超過了12億美元。這個留存的現金超過了絕大多數銀行，占到了美國版的支付寶Paypal留存現金的1/9。這種預付費業務一方

面建立了客戶轉換成本，另一方面大額的現金流可以幫助企業建立健康穩定的業務基石，還可以用這些沉澱資金來進行其他維度的擴張。

2009年星巴克開始推出移動支付。移動支付使得星巴克與忠誠客戶的連接更緊密，消費者無需掏出自己的禮品卡就可以進行支付，他們下載星巴克的移動應用，消費者的訊息全部數位化。到2011年，消費者可以通過關聯信用卡等多種支付方式在移動應用中預存一定量的金額，以移動錢包為應用主體的星巴克App也已經趨於穩定。用戶可以通過移動應用查詢到積分和存款，而不需要通過訪問某個獨立的網站（Starbucks Account），消費者關係連接得更加緊密。在2016年投資者大會上，星巴克推出「Digital Flywheel」策略，其中，將未來消費者體驗的核心放在獎勵（Rewards）、客製化（Personalization）、支付（payment）、訂購（Ordering）等四個方面。可以說，忠誠客戶策略是星巴克成長底線的核心。

## 如何設計企業的業務底線

既然企業增長的業務底線如此之重要，那麼企業家和高階主管應該如何去設計業務底線呢？在這裡，我提出業務底線設計的三條

原則，它們是：佔領你行業所在的策略咽喉、挖掘你的業務護城河和構建你豐饒的客戶資產。

## 成長底線設計一：佔領你行業所在的策略咽喉

首先，我想提出一個原有的競爭策略中沒有的概念——策略咽喉。找到策略咽喉是構建業務底線的第一條原則。何謂策略咽喉？如果我們從企業的策略實現、策略控制中找出一個關鍵環節，一旦企業如果掌控了這個環節，事情就能產生質的變化，哪怕其他佈局效率滯後也不會產生策略性的影響，這個環節就是「策略咽喉」，用比喻性的話講，它就是我們所說的「蛇七寸」。

我舉一個「策略咽喉」的例子。在美國亞利桑那州克羅拉大峽谷，居住著一群印第安人。在2005年之前，這些印第安人主要靠著在大峽谷中唱歌跳舞娛樂遊客為生。而到了2005年，印第安人突然想到：如果在大峽谷觀光風景最好的地方修了一個大型的觀景台，會不會徹底改變收入來源，坐著也把錢賺了？只要占住了這個觀光風景最好的地方，設一個關卡，就直接收門票錢，再也不用辛苦地跳舞唱歌了。後來印第安人開始執行這個計劃，建造了今天著名的大峽「天空步道」，門票價27元美元，平均每天能接待10000

個遊客，於是收入源源不斷地進來。印第安人把握住了大峽谷觀景的「策略咽喉」，實現了對以前業務模式的顛覆。

從「策略咽喉」這個概念來看，我們就非常好理解一些互聯網企業的估值為何用「市夢率」，能夠理解為何百度執意要花19億元收購91助手，能夠理解當年360與騰訊端口之戰背後的意圖，也能夠理解騰訊今天的市值。從策略咽喉去看業務的成長底線，你就明白當你掌控住了行業中的一些關鍵環節，你的業務就可以良好的展開。

在前互聯網時代，商業的策略咽喉主要體現在對線下的控制，這裡面最典型的就是流通巨頭，它們以客戶流量來挾持廠家，沃爾瑪、蘇寧、國美都是這個時代的產物。消費者要買到商品，就必須經過這些大型通路商，它們能夠保證廠家接觸到大量的客戶流量資源，因此在這個過程中，它們可以不斷盤剝供應商，甚至拿著供應商的錢進一步跑馬圈地，或者以現金流進行其他投資性業務，這就是我們常常提到的「類金融」模式，因為它們控制了「人流」。

而「策略咽喉」往往會隨著客戶流規模的變化而遷移，在PC互聯網時代，由於訊息的不對稱性降低，廠家通過設置網絡店鋪來直接銷售，最開始由於「人流」規模的限制，難以對線下產生根本性的衝擊，而隨著淘寶、天貓這些電子商務企業的產生與迅猛發展，人流從線下轉移到了線上，成為人流聚合點的電子商務平臺掌

握住了「策略咽喉」，這也成了近年京東、阿里巴巴在美國巨額IPO的原因。而隨著移動互聯網的迅猛發展，流量規模超越了PC互聯網後，尤其是移動互聯作為「人聯網」的本質顯現出來，「策略咽喉」的爭奪不僅體現在流量的入口與流量的規模，還體現在與消費者連接的時間——誰佔領了消費者的時間，誰就相當於成了消費者器官的一部分，所以此時微信的價值就凸顯，就基於它對消費者時間的佔領。更遠地看未來，萬物互聯將會對「策略咽喉」再一次更新，比如說互聯網冰箱，目前已有公司能讓互聯網冰箱依據冰箱內的食物幫助人們來購買新的食物，對過期食物進行報警，萬物互聯的到來，將使得人類社會進入一個全智能時代，連接＋智能運算可以釋放出更大的價值。

每個行業都有自身的策略咽喉，我們以大數據行業為例，這個行業中有一個核心的策略咽喉就是數據源的獲取，如果缺乏對數據源的控制，後面的數據分析將是空中樓閣，如果說從事大數據是挖礦，那麼數據源就是礦本身，所以從事大數據行業的人都知道，有數據源的公司是好公司，是有卓越價值基礎的公司，比如大數據行業的獨角獸公司Talking Data。

Talking Data最開始專注於提供對移動應用產品數據的基礎統計分析的產品與服務，成為專門針對開發者的服務平臺，APP Analytics（移動應用統計分析）於2012年4月正式上線。這是一款

服務於移動應用軟體公司的數據統計分析平臺，主要功能是滿足移動應用的日常管理與營運方面所需的數據統計和分析，以及通路評估等需求。這個時候 Talking Data 的模式比較簡單，其整體運作如下圖，這也是 Talking Data 模式 1.0。

　　許多移動應用開發者沒有開發移動分析 SDK（Software Development Kit，即軟體開發工具包）的能力，導致無法通過自己的通路獲取有關移動應用的數據訊息，從而無法判斷 APP 的營運情況，並及時改善產品。Talking Data 針對這一用戶痛點，開發出了可以方便植入到其他移動應用的移動分析 SDK。應用開發者付費使用此產品，可以實時獲取由 Talking Data SDK 收集的應用使用者（也就

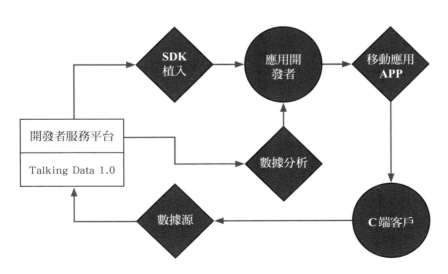

圖　Talking Data 模式 1.0

是C端）詳細統計訊息，和Talking Data提供的數據分析結果。Talking Data掌握這一關鍵資源能力後，建立了與應用開發者間的交易結構，構建了以提供產品服務進行收費的盈利模式和B2B2C的業務系統，落實了開發者服務平臺的定位，逐漸形成品牌。通過不斷服務於不同移動應用開發者，Talking Data逐漸積累數據，形成了自身的關鍵資源能力：數據源。

Talking Data目前覆蓋超過14億的獨立智慧型設備（包括智慧型手機、平板電腦、智慧型電視、可穿戴設備等），服務超過8萬款移動應用以及6萬多個應用開發者，每天處理超過10T移動海量數據、數十億次會話請求，這種移動數據源的積累，幫助Talking Data進入到產業下游的數據諮詢、DMP服務、移動廣告監測、遊戲營運分析等多個領域。如果說後面涉入的業務是Talking Data的增長線，那SDK業務就是它的業務成長底線，只有把這個業務不斷鞏固，才有後續業務展開的基礎，而這個數據源也卡住了移動大數據行業的策略咽喉之一。

鑽石行業的策略咽喉是礦石，所以戴比爾斯的策略是不斷控制非洲的礦山；房地產行業的策略咽喉根本不是終端行銷，而是如何用更高效的手段拿到土地；而在十年前乃至十五年前，中國家電、快消品的策略咽喉在通路，所以那個時候用深度分銷經營的企業都能獲得好業績。只是策略咽喉會隨時代的演進而演進，如果你能夠

抓住你所處行業的策略咽喉，那你就可以和前面故事中大峽邊的印第安人一樣，不用唱歌跳舞了，你可以去構建出自己的「天空之橋」，擁有豐厚的業務成長底線。

## 成長底線設計二：構建策略護城河

上文提到，好的公司，是能夠「構建持續交易基礎」的公司，如果我們把這個好公司的話題展開，就會自然過渡到挖掘好公司的不同判定維度。如果談到善於挖出好公司的人，首推華倫·巴菲特。從當初投資可口可樂、皮鞋廠，到進軍美國運通信用卡，從把大量資金注入鐵路、航空、加油站等運輸行業，到投資蘋果等高科技公司，巴菲特的波克夏公司在五十多年投資歷史中年均回報率達20.9％。

1999 年《財星》雜誌刊登了一篇著名的文章，作者就是華倫·巴菲特本人，他在文章中寫道：「投資的關鍵在於確定一家指定公司的競爭優勢，尤為重要的是，確定這種優勢的持續期。被寬闊的、川流不息的護城河所保護的產品或服務能為投資者帶來豐厚的回報。」巴菲特這句話中，把他投資秘訣的核心指向了「護城河。」

那什麼是巴菲特的護城河，以及如何構建護城河呢？按照巴菲

特的邏輯，也如他著作《雪球》中所總結的成功秘訣：「人生就像滾雪球，重要的是發現很濕的雪和很長的坡。」這個雪球就是好的企業和業務，這個坡就是業務的成長底線，夠長，也夠堅實。巴菲特認為，尋找到那些擁有可持續性競爭優勢公司的關鍵，即看它們有沒有經濟護城河。經濟護城河是企業能常年保持競爭優勢的結構性特徵，是其競爭對手難以複製的品質。換句話說，擁有護城河的公司，就是有堅實的業務成長底線的公司。

　　為了把自己的理念說清楚，巴菲特拋出一個與往常看法不一樣的洞見，他說「在我的經歷中，最常見的虛假護城河是優質產品、高市場份額、有效執行和卓越管理。」我想看到這裡，很多朋友會去反思，為什麼我們常常談的執行、管理，是虛假的護城河？舉一個例子便知。諾基亞曾經為自己在移動手機行業長期擁有巨大的市場份額而沾沾自喜，然而2007年蘋果一推出iPhone手機，諾基亞的手機帝國就分崩離析。同樣的，銳步也曾經是體育用品行業卓越的產品型公司，在20世紀九十年代，銳步的Pump籃球鞋風靡全球，憑藉獨特的充氣技術，Pump系列風光無限，更是挑戰運動鞋霸主的耐克。在巔峰時刻，NBA有超過100名職業運動員穿Pump，大鯊魚奧尼爾也是它的粉絲。可這個品牌在2006年以38億美元的價格賣給了阿迪達斯。所以，卓越營運的公司，不等於有底線，更不等於有護城河。經濟護城河必定是由公司本身所擁有的結

構化因素所構建出來的，是能夠憑藉業務能力及所在行業的結構維護其高額利潤的。換句話講，卓越管理雖然能夠在經濟護城河上加固，但是管理本身不是護城河的根基。

在現實中，有護城河的企業就是有堅實的成長底線的公司，我們討論增長，首先要即要能守住自己的利潤區，否則增長越快，風險越大。《孫子兵法》講「先勝後戰」，企業敢在增長上做加法、做乘法，首先是因為可以有底線利潤區守得住，這就是為什麼我把它作為增長五條線中的基礎線。前不久我去一家壟斷公司拜訪，他們告訴我說光上海地區一個月的營收就有近200億元人民幣，我笑了笑回應說：「這並不是因為你們有多卓越，而是你們擁有一條寬廣的護城河。」這個護城河包括壟斷的牌照、新建線路需要投入的巨大成本，這些保證了此公司的高收益率，這就是護城河的力量，它是一條最堅實的成長底線，用日本劍客宮本武藏的話講就是「未求勝，先立於不敗」。護城河的形成有四大來源，它們分別是：無形資產、轉化成本、成本優勢、網絡效應。

無形資產包括品牌、專利或者政府牌照。先說品牌護城河，如果品牌能夠促使顧客的支付意願上升以及顧客忠誠度增長，這個品牌就在公司利潤周圍構建了一道護城河。擁有護城河價值的品牌能讓企業具備定價能力、可複製的商業模式以及可持續的利潤。比如有歷史的品牌會比顧客群頻繁變動的品牌具有更長久的生命力。就

如我們拿可口可樂對比於百事可樂，可口可樂在幾十年中培養出一批超級忠誠客戶，所以百事只能訴求「新一代的選擇」。更恰當的例子可能是蘋果公司，在給EMBA上課時，我問下面的學員有多少人消費過蘋果公司的產品，舉手的達到100％，甚至連續每年購買的學員占到了75％，這個數據可以看到蘋果在高階客戶心智中的巨大影響力，難怪蘋果手機的利潤佔據了手機行業利潤的一半以上。

無形資產也包括專利，儘管不是所有的專利都可以為公司的護城河進行保障護航，但是如果公司的主要產品受到專利的保護，能夠避免對手複製，企業也可以擁有一段時間的護城河。比如說2018年最熱的一部國產片《我不是藥神》，片中的藥「格列寧」就是受到專利保護，所以企業有定價權和競爭壁壘。在真實世界，醫藥企業賽諾菲集團也是受益於專利保護，保證了它在長時間內收取溢價，尤其在胰島素及罕見病生物藥市場，專利讓競爭對手不能進入。

無形資產還包括監管。如果政府的規章制度使得競爭對手不可能進入市場，那你的公司就幾乎成為了壟斷企業，護城河所產生的利潤就非常豐厚。比如中國市場對賭場只發放了六張營運牌照，且被限制在澳門地區，而東南亞的新加坡只發放了兩張牌照。所以，在亞洲經營賭場的公司，比如金沙和永利，相較其他地區的公司，就有更深的護城河。

護城河的第二項來源是轉換成本，為了保障你的業務成長底

線，你有沒有可能去提高客戶的轉換成本？比如說我現在是聯通的十年老用戶了，我在上海家的小區接收聯通的信號就非常不好，我對聯通非常不滿意，也投訴了很多年，可是我從來沒有切換到其他營運商，原因是什麼？原因是這麼多年的社會人脈都是通過這個號碼來連接的，如果換號碼就會有巨大的轉換成本。所謂轉換成本，就是客戶從某一廠家或者供應商轉到另一廠家或供應商可能遭遇的費用支出。高轉換成本為公司帶來了護城河。

　　蘋果公司也是典型的設置轉換成本的例子。蘋果公司憑藉 iOS 平臺，構建其各式各樣的轉換成本。比如用戶會從 iTunes 上購買電影、電視節目和 App 應用，如果遷移到其他手機，這些數據資產就不能使用，這樣客戶就會付出高額的轉換成本。不僅如此，如果用戶每增加一台蘋果設備，轉換成本會進一步提高。

　　最後兩個來源是成本優勢和網絡效應。很多公司之所以要做規模，很多情況下是因為規模能降低成本，以低成本進行拓張。而網絡效應指的是越來越多的用戶使用某種產品和服務所帶來的價值擴大。Facebook 就是典型的網絡效應受益者：隨著用戶與更多的朋友連接，他們可以訪問更多的內容，與更多的人交談，公司形成的壁壘就越高，十年前 Facebook 的工程師把全世界同時在線的用戶標注出來，聚合在一起，幾乎等同於整個世界地圖。又比如出租車應用 Lyft，它的用戶具有雙邊網絡屬性：用戶與司機。Lyft 的用戶越多，

司機接單的概率就越大，使用Lyft的司機越多，用戶的等待時間越短，乘車費用越低，也反向推動更多的用戶加入。網絡效應讓客戶價值是隨著網絡本身的節點指數增長的，所以有網絡效應的公司，客戶不容易遷移。

如有你的業務有護城河中的一項和多項，就意味著你有豐厚的護城河，成長底線當然也就堅固無比。守護你的護城河尤其重要，我們以大陸的「茅臺酒」為例，茅臺的護城河是什麼？是茅臺的品牌價值，為了鞏固這個護城河，茅臺一方面把自己做到「稀缺」，每年提價，另一方面構建茅臺防偽溯源系統和打假系統，茅臺的RFID（射頻識別技術）溯源體系是在產品上粘貼RFID電子標籤，這個標籤裡會存儲每一瓶茅臺酒的完整生命週期的訊息，包括從原料種植、生產釀造到流通消費的全過程，因此，消費者、生產者以及監管部門，無論是誰，都可以通過這標籤對產品進行溯源查驗，真正實現了每一瓶酒「來源可查、去向可追、責任可究、真偽可辨」。雖然耗資巨大，但是它有著不可複製、難以仿造、操作簡單、易於識別的特點，極大地提高了茅臺的防偽、防造假能力，為不斷完善自己的護城河品牌提供了強有力的保障，它不允許其他假冒偽劣產品的進入，一方面可以提高自己的核心競爭力和品牌影響力，另一方面也保證了市場的份額和相對其他競爭者的優勢。

## 成長底線設計三：構建客戶基石資產

　　成長底線設計的第三條思路是構建客戶基石資產。什麼是客戶基石資產？即與你長期交易的客戶的數量，以及這些客戶能為你創造多少終身價值。舉個例子，我擔任一家B2B公司的增長顧問，有一次開高階主管會議之前，我讓助理把這家公司近三年的交易合約，按照金額、客戶類別以及其他特質做了一個統計分析，得到的結論讓企業CEO震驚——原來這家以大客戶解決方案著稱的公司，與其持續交易三年的客戶不到19％，而且隨著時間的推移，客戶粘性指數呈階梯下降，這說明什麼？說明該公司看起來業務增長不錯，但其實背後的基石一擊就破，過去的增長大部分依靠的是行業增長的紅利，如果行業發展放緩，以這樣脆弱的客戶基礎，公司業務隨時會被競爭對手吞下。

　　我們用同樣的視角來看中國大陸的航空業。十年前我記得看航空公司的年報時，在中國很少有盈利的航空公司，而現今則不一樣，航空公司開始盈利，乘客的基數越來越多，甚至某些時候我發現在航空候機室的人數都超過了高鐵站的人數，那什麼是航空公司堅實的成長底線呢？是VIP常旅客戶，而今航空公司與航空公司之間的競爭，實質上已經變成了對常旅客戶吸引和保留的競爭。

　　我們有時候會把最忠誠的客戶叫做超級客戶，他們是在某一段

時間內願意持續消費企業產品或服務的客戶，是企業的忠誠粉絲。這幫客戶對於企業的產品和服務有極高的擁護度，甚至變成企業產品在社交媒體上的傳播者，而一個典型特質是，他們還會為產品和服務購買會員卡，或者儲值卡，提前鎖定住未來某個時間週期的消費行為。這種建立壁壘的「鎖定效應」，是企業最喜歡的模式，相當於服務還沒有提供，提前把費用給收取了。這樣競爭對手很難去拿走或者攻下這批客戶群。在今天這個流量紅利被瓜分完、已經形成既定格局的情境下，流量思維開始轉型到客戶資產思維，留存客戶尤其重要，要為客戶建立持續交易的基礎。而超級用戶，由於存在「鎖定效應」，如果形成一定的規模，也就幫助企業建立了業務的成長底線。

為了培養和積累超級用戶，餓了嗎打造了嚴密精細的超級會員優惠體系，利用專屬特權服務這一群體。這些會員優惠包括：累計鼓勵金可兌換無門檻券，每月贈送四張分日期無門檻券，一次訂購多月可享有價格優惠等，吸引了越來越多的用戶選擇充值成為超級會員。尤其是餓了嗎與「優酷」、「天貓」、「蝦米」等阿里旗下產品會員體系合併銷售後，超級會員的充值數量急劇增加了14％。一系列強化超級用戶的營運手段，逐步將高價值用戶牢牢地圈在餓了嗎的平臺上。超級用戶的價值是非常顯著的。據相關數據顯示，在餓了嗎的用戶中，超級會員在下單頻次上是普通用戶的2.3倍；超級

會員在消費上願意涉及更多的品類。他們用戶粘性強，消費能力強，對餓了嗎推出的新品接受度也更高。

　　互聯網公司用超級用戶來做留存與利潤區，而傳統零售企業則可用其來實施「新零售策略」，打通「貨—場—人」的孤島。2017年底，西貝餐飲集團在「西貝甄選」新版頁面上線同時，推出了價值299元的VIP會員。會員的特權包括三個部分，分別是門市特權、甄選特權、服務特選。其中，門市特權包括菜品折扣、生日禮品、消費積分兌換；甄選特權包括商城限時特價和專項商品，其中限時特價折扣最高可達5折，單品優惠最高達100元以上；服務特選提供各類特色互動活動，如喜悅讀書會、親子體驗等。

　　VIP會員製作為一種鎖銷策略，給西貝帶來的好處如下：首先，會員費用直接納入西貝的利潤，VIP會員越多，獲得的純利潤越高。第二，提高了員工的收入。成功銷售VIP的員工有銷售提成，這激勵了一線人員的工作積極性。對於銷售業績突出的員工，公司還有額外的獎勵。第三，提高核心客戶的忠誠度。VIP會員能享受優惠的價格，體驗獨特的活動，有利於提高顧客的忠誠度。第四，可以建立自己的生態體系。西貝利用VIP政策將最忠誠的這批顧客納入自己的生態體系之中。將門店的顧客通過VIP接觸甄選商城，甄選商城的一些商品銷售時附贈堂食抵用券，線上線下互利互惠。甄選商城的部分商品放到門市中銷售，使得西貝不僅是吃飯的

地方，還可以買到相關的商品；VIP 的各種附加價值提高了核心顧客對西貝的使用率與點擊率，從而提高顧客的信賴與依賴，讓顧客覺得西貝不僅僅是一個餐飲公司，還是高品質生活的提供者。

在增量市場轉向存量市場的過程中，行業增長的訴求會從用戶數量的增加轉變為對每個用戶價值的獲取上。因此，經營好超級用戶，提升超級用戶的價值才是存量市場中的增長重點，更是每個 CEO 需要轉變的市場策略思維。

讀完本章，請你思考一下，該如何鎖定你公司的底線——你佔據住行業的策略咽喉了嗎？你設計出業務的護城河了嗎？你構建出客戶基石資產了嗎？

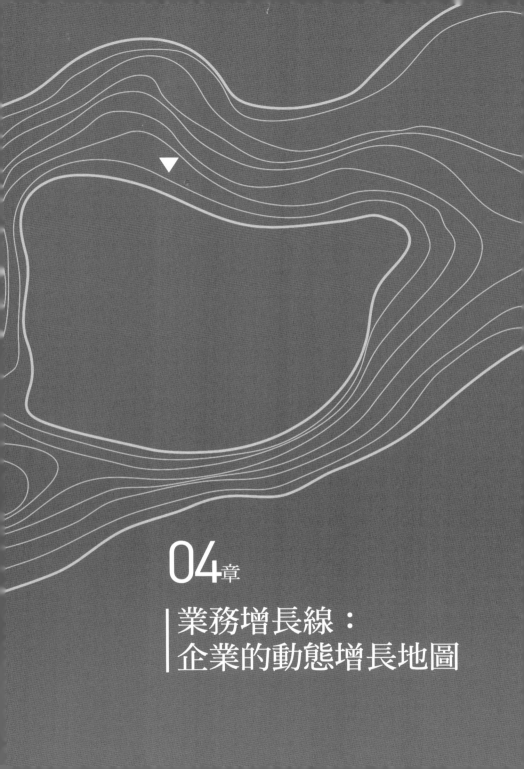

# 04章

業務增長線：
企業的動態增長地圖

「不落實到增長的行銷和策略，就不是好行銷，不是好策略。」

——倫敦商學院教授兼塔塔行政總裁 庫馬爾

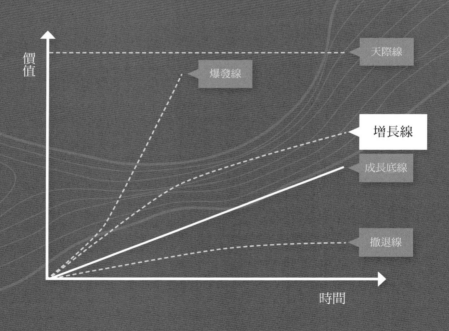

# 增長線：企業的庇利牛斯地圖集

有一年，我應華為公司分管市場行銷的高階主管之邀去交流，他們看了我上一本書《數字時代的行銷策略》，就非常熱情地邀請我參與華為數位行銷體系的構建過程，在討論得無比熱烈之時，華為的高階主管問我：「王顧問，您想知道未來華為的市場策略如何設計嗎？」我聽後笑了笑，說我給你們看張圖，並從電腦中調出一張像電路板又像多維受力圖一樣的PPT圖。這張圖就是當年美軍攻打阿富汗的整體作戰地圖，它和傳統的策略規劃不一樣，首先作戰地圖上每個點都顯示出來，還包括這個策略點可能會受到何種因素的影響，以及在每一種因素影響下，美軍應該如何回擊。動態、情景化，又如數學題分析一樣窮盡所有的打法可能。

華為的高階主管看到這張圖後激動得跳了起來——因為我們之間的看法是如此高度一致！的確，在今天的管理學策略學領域，充斥了太多藝術性的思維，而科學性卻遠遠不夠。增長如何有效分解、如何有效變成可以執行的動作，如何做到在競爭對手回應下再一次發出有效攻擊，這才是企業日常市場競爭中的核心問題。因此，企業家和高階主管手中需要握有一張地圖。

朱武祥教授說，企業家應該少在自己的辦公室中掛上「難得糊塗」的字畫，而應該掛上三張圖，第一張圖叫做企業所在行業的

「產業生態圖」──企業有哪些利益相關者，整個產業鏈從上游到下游有哪些環節。企業家反覆看這張圖，就可以找到產業的機會和競爭對手的破綻；第二張圖叫做「企業的資源稟賦圖」，比如說企業累積了哪些資源、哪些能力，這些能力和資源是否充分利用，是否可以產生新的商業機會；第三張圖叫做「企業的商業模式圖」，商業模式是企業與利益相關者之間的交易結構，通過這個圖，企業家能看清自己與外部到底在交易什麼，怎麼交易，如何提升交易。朱教授這個說法一針見血，企業家需要的策略，就是要可以清晰描述、可以迭代升級、可以組合和分拆的策略。

　　其實除了朱教授給企業家建議應該掛在辦公室的三張圖，我也從市場策略的維度也提出過三張圖，開玩笑地講，這三張圖也應該放在企業家辦公室的案頭。第一張是五力模型圖，即通過麥可‧波特的五力模型，找到影響企業盈利區的要素究竟是什麼──是應該化解供應商的討價還價能力，還是要給潛在進入者設計壁壘；第二張是客戶資源圖，你有多少客戶，這些資源能不能數據化，到底有多少客戶資源能夠支撐你未來的增長，這會幫你看清楚成長底線在哪兒；第三張圖就是增長圖，即企業要增長，可以從哪些維度來增長，我在第一章裡介紹過，我把這張圖叫做增長藍圖，或者增長地圖。

　　策略管理領域中有一個著名的「庇利牛斯山地圖」的故事。在

一次軍事演習時，一隊受年輕上尉派遣的匈牙利士兵在深入阿爾卑斯山脈的崇山峻嶺中時，遭遇了暴風雪，惡劣的天氣加上時值夜晚，這支軍隊失去了訊息。第二天，就在上尉認為他們可能已經全軍覆沒的時候，這支隊伍竟然回來了。原來，就在這支隊伍失去方位、窮途末路之際，一個士兵在自己的口袋中發現了一張地圖，於是整支隊伍聚集在一起，利用這張地圖重新規劃了行軍路線，最後安全返回。可是事情的戲劇性不在這裡，當年輕上尉把地圖要過來，仔細一看，才發現這張地圖根本不是他們所在的阿爾卑斯山的地圖，而是一張庇利牛斯山的地圖！

　　錯誤的地圖都如此之重要，那還用說正確地圖的致勝作用嗎？企業做增長規劃，最重要的是如何設計這張「增長地圖」上的增長線。什麼是增長線？我在這裡這樣定義：所謂企業的增長線，是企業從現有資源和能力出發所能找到業務增長點的一切總和。

　　如果說業務成長底線的核心在「守」，那麼增長線的要訣就在於如何「攻」。增長線的設計就只有一個目標，那就是要幫助公司找到可以面向未來的增長點。在展開對增長線的論述之前，我們先看一個Netfilx的案例，看看這家成立二十多年的互聯網轉型式企業，是如何做增長線的。

　　Netflix 是付費視頻領域的頭號巨無霸企業，1997年成立，2007年轉移重心至線上串流媒體，Netflix 的訂閱用戶在過去十年中

一直保持高速增長，截至2017年底，Netflix 訂閱用戶已近1億人，用戶付費比例高達9成以上，市值達到1700億美元。

Netfilx的發展，就是一個不斷挖掘自身業務增長點，並進行有效換道超車的增長史。Netflix 自1999 年開始進入到租賃錄像帶和DVD訂閱服務領域，2007年抓住互聯網頻寬加速的機會，推出串流媒體在線點播服務，2008年又與智慧型機上盒廠商以及XBOX合作，進行全媒體覆蓋，2013年借助移動互聯網進行手機端的業務增長，在和客戶實現有效連接並形成串流媒體第一品牌後，又反向整合內容，大力投資原創內容，樹立內容領先優勢，並進行國際化的業務擴張。

在成立初期，Netflix的主業是為消費者提供家庭DVD租賃（VHS和DVD），Netflix採取「線上租賃＋郵寄到家」模式，方便消費者選擇和便捷，這種「輕資產線上營運」的方式有別於線下的影片租賃巨頭 Blockbuster，不設線下連鎖店，擴張迅速。但是，這個時候Netflix採用的是「單張DVD租賃費＋運費」的盈利模式（Pay-per-rental），差異化競爭優勢不大，業務緩慢。

於是Nexflix開始琢磨著構建業務成長底線，領導團隊所採取的方式是把單次的租賃變成「可持續交易的基礎」，找到一群超級用戶，這些用戶的特質是高頻，選擇面廣，而頻繁的快遞費、逾期費是這些客戶的痛點。於是，1999年9月，Netflix推出無到期日、

圖　Netflix營業收入及增速

無逾期費、免郵資的會員制度，會員費為19.95美元/月，每次最多可租賃四張DVD，並推出了「There are no due dates，no late fees and no shipping fees（沒有高額的逾期費和遞送費）」的行銷宣傳口號，使得會員迅速發展，構建出Nexflix的業務基石。

　　2002年Netflix上市。2005年互聯網頻寬提高了速度，使得網路觀看視頻這件事開始普及，2006年美國家庭寬頻普及率達到

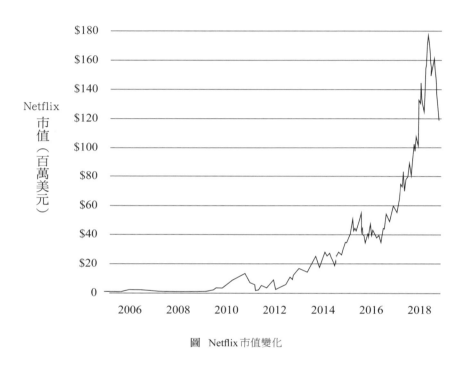

圖　Netflix市值變化

47％，Youtube等視頻平臺興起。Netflix準確的捕捉到這個形勢，
2007年開始轉型為串流媒體視頻服務提供商。截止2017年，Netflix
共擁有付費會員1.10億人，其中美國國內訂閱用戶5281萬人，國
際訂閱用戶5783萬人，實現營業收入116.9 億美元，淨利潤5.59億
元。在Netflix於2018年1月22日公佈超市場預期的會員數量及財
務數據後，公司市值突破1000億美元。Netflix實際上是從2007年

徹底轉化為互聯網基因的，而在2007年的前十年，它的模式更多是O2O（線上訂閱＋線下遞送DVD）。從上市時的3億美元市值，到2018年突破1000億美元，Netflix是如何構建他的增長路徑的呢？

第一個時期是轉型期，Netflix從「鼠標＋水泥」的早期互聯網影片訂閱服務商向串流媒體視頻業務轉型。2007年1月，Netflix推出「Watch Instantly」（即時觀看）服務，把自己變成一家徹底的互聯網公司。在推出串流媒體視頻業務後，Netflix把視頻業務核心的增長重點放在拓展分發通路，以及用戶體驗完善上。為什麼這兩點是這個時期的增長突破口？最重要的是原有用戶習慣的切換，從租賃影片DVD到互聯網上點擊觀看，Nexflix需要轉換消費者的行為習慣，這個情況下就要擴張分發通路，讓消費者知曉，同時完善用戶體驗可以實現客戶留存，這對早期型的業務增長尤其關鍵。

Netflix這一時期的增長核心以通路佈局為主，策略意圖非常明確，要使串流媒體視頻平臺最大化觸及消費者，把分發能力做到極致。通路層面，在2008年Netflix與LG電子簽訂Watch Instantly擴展協議，將其傳輸軟體內置進LG的一款機上盒，接下來又迅速簽下微軟Xbox 360；同樣是2008年，Netflix上線自身研發的機上盒Roku。自身的Roku上線和與LG、微軟合作的樣板，使得合作模式迅速複製，Netflix的串流媒體軟體和播放器、機上盒、電視機、電腦以及各種移動設備廣泛聯盟，在2008至2010三年內植入了200

| 分類 | 時間 | 佈局 |
|------|------|------|
| 通路端 | 2007.1 | 推出「Watch Instantly」（即時觀看）服務，初期僅供PC端 |
| | 2008.1 | 與LG電子簽訂擴展協議，將其傳輸軟體納入LG電子公司的一款機上盒 |
| | 2008.5 | 由Netflix提供技術支持的自有機上盒Roku上線 |
| | 2008.12 | Watch Instantly擴展至微軟Xbox 360 |
| | 2009.12 | Watch Instantly擴展至索尼PS3 |
| | 2010.12 | Watch Instantly擴展至Apple iPad，iPhone，the Nintendo Wii等200種互聯網設備 |
| 內容端 | 2008 | 與CBS及迪士尼達成了電視節目傳送協議 |
| | 2008 | 與星光娛樂公司簽署三年期協議 |
| | 2010.10 | 針對屬EPIX的新發行及庫存影片簽署了價值8億美元、為期五年的許可協議 |

表　2007-2011年Netflix串流媒體業務通路及內容佈局

多種互聯網可視設備，讓通路的分發能力無處不在。

第二個增長核心點在於內容。通路無處不在後，如果內容跟不上，消費者的行為也很難轉換，所以2008年Netflix開始囤積版權內容，與CBS和迪斯尼達成電視節目傳送協議，把這些公司的客戶引流到Netflix，給他們提供一種新的選擇，這叫做「客戶資產遷移」。同時，Netflix與星光娛樂公司簽署三年期協議，可以播放星光Vongo在線電影中的2500部電影，又於2010年10月，Netflix針對屬EPIX付費電視頻道（派拉蒙影業、獅門及米高梅擁有的有線電視網）的新發行及庫存影片簽署了價值8億美元、為期五年的許可協議。

在分發通路構建完成、消費者開始形成串流媒體影片觀看習慣後，Netflix開始進入2011年至2013年的快速發展，Netflix的增長策略很清晰，那就是「全面進軍串流媒體，豐富內容儲備」，如果說轉型期是在做業務試探，那此時內外部環境都成熟的情況下就轉入進攻了。

2011年7月12日，Netflix宣佈將公司的服務拆分，也將公司拆分。在服務拆分上，原來用戶只需支付9.99美元，就可以同時享有DVD租賃和不限時視頻流點播兩項服務，而分拆後用戶每月只需支付7.99美元，但只享受DVD租賃或者視頻流點播服務中的一項，兩項都選的話需付15.98美元。這個策略執行下去，進一步把

線下消費的顧客往線上遷移。同時，Netflix 把公司分拆為二：一家是 Qwikster 公司，繼續提供 DVD 租賃，另一家是提供串流媒體視頻服務的 Netflix。拆分表明了 Netflix 增長的「第二曲線」已經構築完畢，全面轉型互聯網串流媒體服務商。

　　既然公司定位為「互聯網串流媒體服務商」，那麼這個行業的關鍵資源是什麼呢？是內容，豐富的儲備內容是競爭優勢凸顯的關鍵。一方面 Netflix 不斷購買版權，另一方面它開始轉向自製節目，形成與競爭對手根本性的差異。2011 年 Netflix 花費 1 億美元購買《紙牌屋》版權，2012 年第一部自製劇《莉莉海默》上線，表明自製策略開始進行測試。這個時期，主要內容還是以採購版權為主，2011 年 Netflix 分別與電影電視公司米拉麥克斯影業、福克斯、MTV、CBS、NBCU 以及夢工廠、迪斯尼達成版權協議，直至 2014 年 1 月，Netflix 可向美國用戶提供 6484 部電影和 1609 部劇集。

　　Netflix 的策略意圖很清晰──爭取「在 HBO 成為 Netflix 之前，先成為 HBO」。與 HBO 的海量廉價電視節目資源相比，Netflix 逐漸加大自製劇投入，這就是 Netflix 增長的第三階段。2013 年 2 月，Netflix 政治題材劇集《紙牌屋》風靡全球，Netflix 所積累的用戶量以及用戶觀看習慣，使得 Netflix 可以用大數據來指導影視創作和分發，數據成了 Netflix 的新壁壘，Netflix 開始以「客戶＋數據＋內容」為核心快速增長，在內容上相繼購買、推出了《女子監獄》、

《破產姐妹》、《毒梟》、《絕命毒師》、《超感獵殺》、《馬男波傑克》、《王冠》等優質劇集，並且原創內容不斷增加，佈局了一系列IP（內容智財），2016年前10大最受歡迎網劇中有9部都是Netflix自製出品。除了電視劇外，Netflix加大對電影、動漫的投資，管理層預計2018年將投入70至80億美元用於內容獲取，預計推出80部原創電影和30部動畫，目標是在2019年末實現原創內容與授權內容5:5分配拆帳。在這個階段，Netflix一舉轉型成為「互聯網串流視頻+原創IP內容商」，對標「Youtube+迪斯尼」，市值衝到1000億美元。根據市調公司Nielsen公佈的數據，在2015年第四季度，48％的美國家庭至少訂閱了一家串流媒體視頻服務平臺，Netflix以44％的市場滲透率成為領軍者，遠遠超越Amazon Prime（19％）和Hulu（10％）的訂閱戶數百分比。

　　Netflix同時在增長地圖上佈局國際化業務。從2010年開始，國際化業務已經拓展到覆蓋155個國家。2010年9月，Netflix進入加拿大，2011年拓展到拉美和加勒比海地區，2012年登陸英國和愛爾蘭，2012-2014年相繼開拓歐洲市場共計13個國家，2015年深入澳洲、亞洲。2016年全年新增130個國家，業務遍及除個別管制國家之外的幾乎所有國家和地區，全球化策略拉動增長後，該年新增1900萬個註冊用戶中有1400萬來國外市場，國際註冊用戶占比已高達47％。

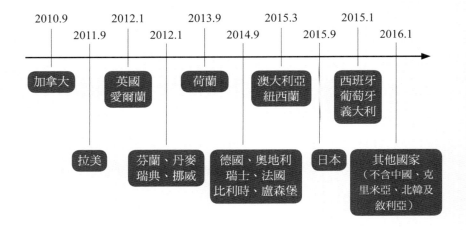

圖　Netflix國際化業務佈局

在增長維度上，Netflix過去三年在不斷追求市場面的擴張，從其所覆蓋的155個國家數據來看，已經接近飽和，所以下一個增長維度毫無疑問的就在於如何精耕細作，從追求客戶的覆蓋廣度走向客戶經營的深度。

在走向客戶經營深度上，Netflix已向優質內容當地化傾斜，由於Netflix視頻內容受到語言、受眾文化和支付系統等各個方面的限制，使得Netflix在國家化擴張中必須與本土化策略進行融合，才能

深度開發區域市場的用戶價值。以日本市場來說，Netflix 就在當地購買暢銷的 IP 資源，比如把日本芥川獎得獎作品《花火》開發成電視劇，啟用當地有號召力的演員林遣都、波岡一喜等出演。再比如在其國際業務覆蓋最多的兩個國家——巴西和墨西哥，也啟動當地頻道，結合當地文化開發出視頻流作品，Netflix 預計 2020 年巴西一國的用戶數就可以達到 2440 萬人。這種國際化擴張中的「本土化運作」的例子還出現在中國，由於中國政府廣電總局的「限外令」造成了視頻行業的政策壁壘，使得 Netflix 無法直接進入中國，但是大陸的視頻網站可以引入部分外國的電視劇作品，比如騰訊、愛奇藝、樂視都與 Netflix 合作，包括《權力的遊戲》、《紙牌屋》、《行屍走肉》、《24 小時》、《絕望主婦》、《英雄》等美劇，這些也讓 Netflix 獲益頗豐。

　　在增長策略上，Netflix 在巨大的用戶基礎上，進行深度挖掘，比如提高視頻的推薦效率和精準度，這樣可以延長用戶在 Netflix 平臺上的時長，從管理產品過渡到管理客戶的整體生命週期。到 2016 年，Netflix 在全球積累了 6500 萬用戶，每天總計觀看時間達到 1 億小時，其中 20% 是來自用戶自主搜索，80% 的視頻觀看來自系統推薦。

　　提升客戶體驗是互聯網公司留存客戶的核心手段。Netflix 不斷提升網頁的用戶友好性，提升感知價值，利用大數據實現用戶挖

掘，多算法定義推薦系統，建立用戶客製化內容庫。為了提升用戶觀看時長，Netflix 舉辦數據建模大獎賽 Netflix Prize 來提高評分預測準確性，激發頂級互聯網技術人員為 Netflix 獻計獻策。通過大數據預測客戶行為，基於用戶需求、預測直接指引內容自製方向，推出新的內容留存客戶，比如 Netflix 開創了串流媒體服務提供商跨界進行電視劇原創的先河，而在電視劇的投入大獲成功，是因為 Netflix 進行了「電視劇消費習慣數據庫」分析，精確定位受眾群眾，並且將「大數據」貫穿製作、行銷發行在內的所有環節，比如演員的選什麼明星，故事情節應該包括哪些元素，怎麼演進。Netflix 已成為美國最佳原創內容的代表性平臺之一。

　　回顧 Netflix 近十年的增長線，市值從 3 億美元衝到 1000 億美元，我們會發現幾個特質。第一點是節奏轉換之道，在 DVD 租賃業務看到天花板時，迅速佈局線上串流媒體業務，當串流媒體業務成熟時分拆原有 DVD 租賃業務，定位為「互聯網串流媒體服務商」後，與製作公司合作，購買視頻版權，同時開始自己投資內容，內容試驗成功後，又向一舉轉型成為「互聯網流視頻＋原創 IP 內容商」，並從美國本土擴張到拉美、歐洲、亞洲，再在擴張的市場中深度本土化經營，Netflix 每一個增長節點都張弛有度。第二點是從客戶的獲取與留存，再轉變成客戶資產，最開始實施會員制構建自己的業務成長底線，在 2007 年全面進攻線上後，不斷擴張分發通

路，獲取客戶，然後用內容和客戶體驗留存客戶，並把客戶資產，尤其是集中的數據資產發揚出來，使得內容創造能夠從量走向質。第三，從Netflix的增長路徑可以看到，其實好的增長正如下棋，謀全域才可謀一域，如果CEO只是在考慮近12個月以內的事，只能說明公司業務底線還沒有構建，也說明未來增長乏力。

　　歷史不能假設，但是故事可以再現。於是，我們可以把Netflix的增長路徑，畫成下兩頁的棋局圖，我把它叫做增長地圖，增長地圖就是企業關於增長線的庇利牛斯地圖集。

## Netflix 增長地圖

價值 ↑

**初創期**

### 國際化串流媒體視頻服務提供商

**重點**
佈局國際化業務

**策略**
1. 從 2010 年開始，國際化業
已經拓展到覆蓋 155 個國家
國際註冊用戶占比已高達 47%
2. 針對不同地區採取在地化
容 服務

### 串流媒體視頻服務提供商

**初創期**

### 會員制影片訂閱服務商

**重點**
1. 推出 "Watch Instantly" （即時觀看）
服務
2. 囤積版權內容，把內容分發能力做到
極致

### 家庭 DVD 租賃

**重點**
單次的租賃變成「可
持續交易的基礎」

**策略**
找到一群超級用戶，
特是高頻率消費，
選擇面廣的客戶，
推出「無到期日、
無逾期費、無運費」
會員制度

**重點**
「線上租賃＋郵
寄到府」模式

**策略**
單張 DVD 租賃
費＋運費

**策略**
1. 增長重點放在拓展發送通路和用戶體
驗完善 上
2. 與 CBS 和迪斯尼達成電視節目傳送協
議、與星光娛樂公司簽署三年期協議、
針對屬 於 EPIX 的新發行及庫存影片簽
署了價值 8 億 美元、為期五年的許可協
議
3. 植入 LG、微軟 Xbox360、PS3、Apple
等 200 多種互聯網可視設備，自行研發
機上盒 Roku

1997          1999              2007-2010    2010

**高速增長期**

**互聯網串流＋原創 IP 內容商**

增長線

**互聯網串流媒體服務商**

**重點**

加大自創 IP 比例，用數據驅動內容

**重點**

全面進軍串流媒體，豐富內容儲備

**策略**

**策略**

1. 「客戶＋數據＋內容」為核心，快速增長大數據來指導影視創作和發送，數據成了 Netflix 的新壁壘

1. 2011 年服務拆分，公司拆分，進一步把線下消費的顧客往線上導引

2. 提高影片的推薦效率和精準度，提升客戶體驗

2. 開始進一步囤積版權，如《紙牌屋》影集：與電影公司 Miramax、福斯影業、MTV 頻道、CBS、NBCU 以及夢工廠、迪斯尼達成版權協議，可向美國用戶提供 6484 部電影和 1609 部劇集

3. 開始進一步囤積版權，如《紙牌屋》影集與電影公司 Miramax、福斯影業、MTV 頻道、CBS、NBCU 以及夢工廠、迪士尼達成版權協議，可向美國用戶提供 6484 部電影和 1609 部劇集

3. 開始自建 IP

成長底線

2011-2013　　　　　　　2011-2013　　　　時間

## 如何設計你的業務增長線

上文我們已經提及到增長地圖這個概念，增長地圖就是要從市場增長（而不是管理、卓越營運和執行帶來的增長）來設計業務的增長線，並把這些增長線所展示的路徑有效邏輯化。我對增長地圖的定義可以演算成一個公式：企業的增長地圖＝市場界面所有增長路徑的系統集合＋動態變化。一旦設計過增長地圖，公司就能清晰地診斷未來可以增長的方向，清點手中可以增長的底牌，以及一旦競爭對手模仿，還有哪些增長路徑可以進入。

在第一章中我們提到，在今天不確定的時代下，策略規劃已經幾乎變成了「策略鬼話」，但是增長地圖可以為企業提供動態環境中的增長策略安排。2018年1月，Uber的CEO達拉·科斯羅薩（Dara Khosrowshahi）表示，Uber的下一個策略意圖是成為全世界最大的外賣公司，為什麼會選擇這樣的增長方向？因為這幾年Uber的網約車業務發展得並不是很順利，但是在Uber所有業務中有一個Uber Eats的業務發展迅速，消費者可以用Uber來點餐，Uber利用自己的交通系統快速把外賣送給消費者，截至2017年年底，在義大利米蘭、西班牙馬德裡和法國的格勒布諾爾（Grenoble）等城市，Uber Eats的業務營收已經高於Uber出租車業務。達拉給Uber提出的增長方向，我們且不去評判對錯，我想邀請大家一起思考的

問題是，如果你今天是Uber的CEO，還有哪些增長路徑呢？是不是只有這一條增長路徑？

　　無獨有偶，這件事也出現在中國，2017年我被餓了嗎高階主管邀請參與討論該企業的增長課題，餓了嗎的高階主管也提出要尋找公司可以增長的路徑，這和跟Uber今天面臨的問題是一模一樣的。

## 用結構化的邏輯設計你的增長地圖

　　我們做一個思維實驗，用案例模擬的手法來畫餓了嗎這張增長地圖，以給出大家一個範例。想想看，如果「餓了嗎」這家外送餐飲公司要做增長，有哪些路徑可以實施？

　　當時有人提出建議，餓了嗎要實施「定位策略」，通過定位在消費者的心智中找到一個策略領地，配合大規模的線上線下廣告，把市場份額提升起來。也有人說應該深耕通路，在消費者聚集的地方，模仿當年施遊電商「攜程」的做法，在終端拓展客源。還有人建議說要更換品牌代言人，在終端重塑出一個新的餓了嗎品牌形象。各種意見非常多。在會議的最後，我說，你們說的都有可能性，但是這些方法都非常碎片化，企業的增長應該形成一張增長地

圖。所謂增長地圖，就是要窮盡企業所有可以增長的方向，以及設計出這些路徑之間的相互邏輯關係，當企業高層按照增長地圖去分解實施方案時，可以清晰知道在哪個要點上進行投入，而當一條路徑上的增長效果已經出現遞減趨勢時，或者有競爭對手開始模仿你時，企業就可以選擇切換到另一條路徑。增長地圖就相當於你的可以窮盡的棋譜，企業可以選擇在合適的時機上，進行路徑切換。只有這樣，所有的增長策略才能「可視化」起來，企業的增長路徑才能形成一張正確的「庇利牛斯山地圖」。

於是，我和我的諮詢助手們構建出右頁這樣一張增長地圖。

在這張增長地圖上，左邊叫結構化的增長，右邊叫策略性的增長，結構化的增長是什麼意思呢？就是通過很多指標的分拆，是能夠倒推這種做法是可以帶來增長的，而策略性增長則相當於是採取一個化學變化的方式，換上新武器去拉動增長，策略性增長的結果在先前是不可被量化的，但是一旦決策正確，給企業帶來的增長是具備長遠意義的。

結構化的增長核心可以分解成三項要素，它們分別是「獲取更多用戶」、「鎖定用戶」以及「經營用戶價值」，這三項之間是存在邏輯關係的，有一些企業把增長重點聚焦在「獲取更多用戶」，在這個錨點下，就要進一步去看到底是通過新的區域去獲得，還是拓展到新的客群。比如說以網絡外賣O2O市場為例，可以通過後臺

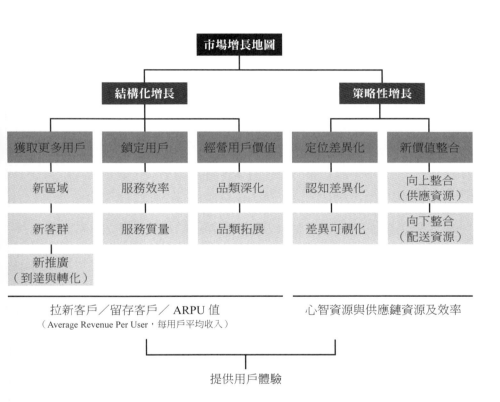

圖　餓了嗎增長地圖

數據去看用戶畫像，在中國市場哪些區域被覆蓋，空白市場在什麼地方，如果一線市場被覆蓋，是否可能下沉市場，去獲得更多用戶？所以我們看到美團進入到外賣O2O市場後，不斷把市場下沉，在三四線城市上用戶增長迅速，就源於抓住了這個市場空白點。獲取更多用戶還有一種策略是找到新的用戶，新的用戶可以通過不同的細分手段來獲得。通過大數據用戶畫像我們可以看到餓了嗎早期的主流用戶是在校大學生，這兩年開始從大學生轉向到公司白領，在這種市場情境下，對於新的細分客戶群，需要採取的產品、通路策略肯定不同，這些策略的調整能幫助公司獲取到更多用戶。獲取更多用戶也可以採取新的推廣手段，從原來的線下媒體投放到利用社交媒體的裂變關係增長上，就像騰訊和「眾安保險」就有這樣一個合作模式：用大數據找到在線上買眾安保險的用戶，並通過用戶在線上的社交關係，把產品和服務精準推送周邊同等偏好的用戶，用社交鏈把用戶獲取進行快速裂變。

當然，結構化增長的另一條增長路徑就是深度鎖定用戶，企業的增長一方面可以獲取更多的用戶，但是有很多公司一邊獲取新用戶，一邊老用戶在不斷流失，所以增長中鎖定用戶尤其重要，這就是我們在「成長底線」一章中反覆提到的「要與客戶建立持續交易的基礎」，所以如果餓了嗎選擇從這條增長路徑出發，就應該去研究到底是哪些要素造成了用戶流失，有沒有很好的策略去鎖定用

戶，提高用戶的轉換成本，而基於此，餓了嗎開始了我們前面提到的實施「超級用戶策略」。

鎖定用戶之外，還有一條增長路徑是深挖用戶價值。「顧客終生價值」（Customer Lifetime Value）是指的是每個購買者在未來可能為企業帶來的收益總和。如果從這條增長路徑出發，餓了嗎可以把增長策略定義在「滲透用戶的錢包份額」，比如以前某個細分客戶群一周通過餓了嗎的平臺消費100元，現在我們可以把增長點的突破放在如何把這種消費從100元提升到150元。在這條路徑下，又可以延伸出很多支撐性的增長路徑，比如大數據的精準行銷，使得產品更精準地匹配用戶的需求，比如把原有的外賣產品進行品類擴張，通過原有的物流配送系統嫁接到更多的服務，從外賣進入到下午茶、藥品、日常生活用品等領域，後來我們看到，餓了嗎和美團都佈局了這個增長路徑，每個增長路徑下，其實都會不斷細分出更多增長點的選擇。

那策略性增長是什麼？比如說提升品牌對消費者的吸引力，這叫做「認知型」增長，通過廣告投入把市場的需求激發出來。還可以做價值鏈的整合，向上整合和向下整合。這些都可以完成一個增長的模型，全部指向GMV（網站成交金額）、整體銷售額的提升。大家可以看到，當我們把這每一條增長路徑，以及每一條增長路徑下的支撐路徑、增長點設計出來後，就形成了企業業務增長線的所

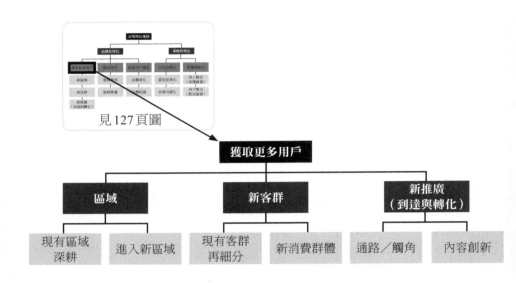

見 127 頁圖

**獲取更多用戶**

**區域**　　　**新客群**　　　**新推廣**
　　　　　　　　　　　　　　（到達與轉化）

現有區域　　進入新區域　　現有客群　　新消費群體　　通路／觸角　　內容創新
深耕　　　　　　　　　　　再細分

圖　餓了嗎增長地圖──獲取更多用戶

有集合，這就是增長地圖。

擁有這樣一張增長地圖有什麼好處呢？首先，並不是所有的增長路徑CEO都會去用，但是擁有這張增長地圖，企業的整體作戰地圖會非常的完整。今天，商業環境高度不確定與競爭的互動化，就意味著你的企業每打出一張牌，競爭對手會迅速回擊，企業自身、競爭對手、客戶需求這三者之間高度互動，這就要求企業家手上的底牌得全景化、互動化，這也是增長地圖和策略規劃最大的一

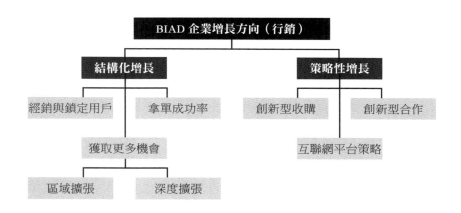

圖　BIAD增長地圖

個區別，以市場策略為核心的增長地圖，它更講究作戰有整體邏輯，有競爭互動，有客戶價值的增長！

　　再舉一個B2B公司案例。BIAD（北京市建築設計院）是中國專注建築設計業務的最大公司之一，我幫他們規劃市場層面的增長策略時，也是以增長地圖作為出發點的。總體是兩條路徑，結構化的增長和創新性的增長，依據這個總路徑把各個可能的增長點分解出來，並依據各個增長點上的經營數據，結合市場環境進行決策，當時在這張增長地圖上，我們重點關注了如下增長決策：

　　第一、經營與鎖定客戶。這家建築設計公司和新中國同齡，長安街上大部分標誌性建築都出自該公司設計師之手，六十年積累了大量的政府與央企類客戶，這些客戶是 B2B 企業持續交易的基礎。而通過數據分析發現，這些客戶與 BIAD 之間關係並不鞏固，長年交易的深度客戶並沒有有效管理起來，所以我提出要把增長重點從「經營項目」轉移到「經營客戶」，設立大客戶管理中心，對「客戶錢包份額」（即 BIAD 占客戶相應採購額的占比）進行滲透。

　　這種結構化的增長上還包括獲取更多的業務機會，而「業務機會的獲取」這個增長點又可以再分解為「區域擴張」以及「深度擴張」。通過數據分析我們發現，BIAD 作為中國本土頂級建築設計公司，號稱全中國業務佈局，但是真正的業務客戶還是聚集在北京以及周邊三到四個省份，所以增長點可以從北京向全國擴張，在這個增長假設確定的情況下，就可以進一步設計區域市場的進入策略，比如進入一個新市場時，如何形成潛在客戶池，如何把這些潛在客戶池中的客戶轉化成業務交易，並對其客戶忠誠度進行管理。基於此，我幫 BIAD 設計出一整套區域市場擴張的策略，規劃出從新客戶吸收到留存管理的一套增長系統。

　　另外，我也發現，建築設計公司是一個典型 B2B 的公司，B2B 行銷和 B2C 不一樣，它是組織對組織的解決方案型銷售，而根據我們的數據研究發現，絕大多數 B2B 企業是 5％ 的超級銷售人員貢獻

了公司95％的銷售訂單，所以如果要增長，還有一條核心的路徑，即如何把5％的超級銷售明星的成功基因提取出來，複製到其他95％的業務人員，這也是一種增長思路，即通過基因複製提高拿單的成功率。

還有很多增長路徑，比如BIAD有沒有可能去做外部收購來發展呢？對於建築設計公司這種輕資產公司，客戶資產是最大的資產，所以，如果有很好的模式，把客戶吸納過來，可以不用花費高

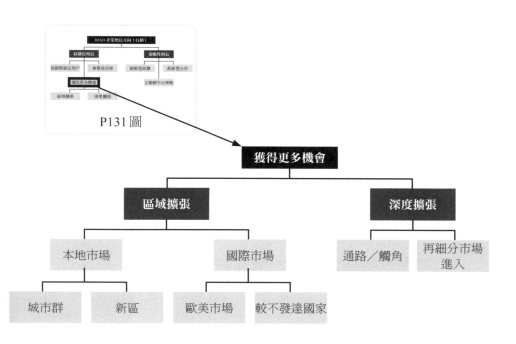

圖　BIAD增長地圖：獲得更多機會

額的收購代價，這樣能形成「槓桿性增長」。還有一些創新型的路徑，比如能否採取平臺策略，模仿波士頓Hourlynerd（一個按需兼職平臺）的模式一樣，把專業建築設計師的業務連接全部放在一個平臺上？所以，企業可以增長的路徑很多，把這些所以的路徑進行邏輯化、分解化，系統化，就形成了企業整體的增長地圖。

如何分解是增長地圖設計的關鍵。比如以BIAD「獲取更多機會」中的「區域擴張」為例，可以再往下分解成「國內市場」和「國際市場」。建築設計行業的發展與中國城市化的發展息息相關，所以如果要找到增長機會就要把焦點放到城市化高遠發展的區域，基於此，我當時給出的一個重要增長建議就是聚焦城市群和新區。

可以分解的增長機會點很多，但更重要的是把這些機會點有效地連接成一張地圖。當企業的增長地圖設計完成之後，未必是所有的增長路徑都會去佈局，企業可能在若干個週期當中去鎖定當中一些路增長徑，然後依據競爭環境的變化動態選擇佈局增長點，會設計增長地圖是構建「好增長」的第一步。

## 用問題樹的方式設計你的增長地圖

上面討論的兩個案例，都是用增長目標的方式，形成增長路

徑，再把增長路徑分解成增長點，然後把這些所有的增長路徑、增長點的集合彙聚成企業的增長地圖。除了這種思維模式之外，還有沒有設計增長地圖的其他方法呢？我下面也舉出一個親自操刀的案例，它是以用問題樹的思維方式，去設計增長地圖。

　　這家中國公司之前叫做「新貴通」，現在更名為「龍騰出行」。龍騰出行目前是一個全球化的智慧型出行服務平臺，專注於機場與高鐵站商圈的消費服務，通過智慧型場景服務與移動互聯網技術全面提升用戶的出行體驗。在業務上，龍騰出行提供機場、高鐵的貴賓休息室服務，機場、高鐵餐飲優惠，同時提供快速安檢通道、禮賓車接送、要客通道等機場、高鐵站服務資源，為用戶提供一站式便捷出行服務。除了中國國內的業務，龍騰出行也在英國曼城與新加坡設立了歐洲與亞太業務中心，打造出一支國際化、多元化的專業團隊，公司於2016年正式掛牌上市，目前已經成為全球最大的機場貴賓服務公司。

　　2010年，龍騰出行的核心業務為機場高階出行服務，它將分散在各機場、高鐵的休息室資源通過商業訊息交易平臺形成服務網絡，推廣給機構與個人客戶群體，在當時機構客戶是龍騰出行最重要的用戶，這些機構客戶包括國內外銀行、保險公司及其他大型企業機構（這裡統稱為B端客戶），他們為其高階客戶以專屬卡的方式配置這種權益，這就是「龍騰卡」。機構客戶之所以採購龍騰

卡，主要是為他們的高價值客戶提供增值服務，這些機構首先購買龍騰卡會籍和平臺的出行產品，包括一定次數的機場貴賓休息室服務、機場接送禮賓車服務，然後按照會員級別免費配置給高階客戶，以提高這些高價值客戶的粘性。除了機構客戶之外，當時龍騰出行還有少量終端個人客戶（這裡統稱為 C 端客戶）。2010 年，龍騰出行的銷售模式為以直銷為主，分銷為輔。在直銷模式下，公司主要通過廣州、北京、上海銷售團隊找到銀行、保險公司，簽訂銷售合作協議，為他們提供機構增值服務；然後按照實際服務使用情況及協議單價與供應商定期結算，這些供應商包括機場、航空公司，它們把閒置的貴賓休息室資源對接給龍騰出行，並按次結算，龍騰出行構建出全國的機場貴賓休息室網絡，供應方和機構兩者之間的結算差價是龍騰出行的盈利模式。

在 2010 年，龍騰出行增長乏力，這個時候該公司董事長找我擔任增長策略顧問。當時的情況是：龍騰出行整合了中國國內 53 家機場的貴賓服務網絡，但是也面臨到一些嚴重的問題。

問題一，業務發展出現瓶頸，雖然這項新興業務獲得了銀行和保險公司的認可，將權益以龍騰卡的方式配置給其高階客戶，龍騰卡也因此收入了一定規模的預付款，形成了成長底線，但是高階客戶使用龍騰卡的比率較低，所以龍騰出行雖然鎖定了大量的客戶，但是很難形成再一次的採購循環，也就是說如果銀行沒有讓這些卡

的權益消費完成，很難進行再次採購，因此持續交易的基礎難以形成。

　　問題二，無法掌握核心定價權。龍騰出行在2009年投入了大量的資源進行網點開拓，覆蓋中國53家機場超過80個休息室，而且增加了主要機場的國際航班服務以及香港機場服務，網絡更完善，大型機場休息室增多，讓使用量得到了明顯的上升，但是機場的服務及維護成本急速上漲，在當前的業務量下難以維持。

　　問題三，競爭激烈。雖然機場貴賓廳服務開始成為銀行和保險公司給予高階客戶增值服務的標配，但是也吸引了更多競爭者的加入，這些競爭者包括一些機場，他們自己推出了貴賓廳權益服務。更讓龍騰出行當時感覺到不安的是，當時全球最大的專業機場貴賓休息室整合營運商 PRIORITY PASS（簡稱PP卡）開始進入中國，作為全球獨立機場貴賓休息室產業的創始者，PP卡當時的主要精力沒有全部投向中國市場，而是根據其國外用戶在中國出行的分佈，有選擇性地在中國國內選擇主要機場合作。而一旦PP卡決定全面進入中國，其積累的龐大的海外客戶群體與多達600家休息室網絡將對中國市場造成「洗牌」效應。當時，PP卡的主要發卡對象為非大陸客戶群體，PP卡當時通過網絡聯盟的方式，在中國進行低成本的市場推廣，為吸引終端消費者，將年費打八折進行推廣。如何抗衡PP卡的進攻，形成業務壁壘是龍騰出行當時的難題。

　　問題四，增長區間應該如何設置。龍騰出行通過貴賓休息室配置服務，覆蓋了銀行和保險公司三十萬高階客戶，龍騰出行的高階主管層認為這些客戶資源是極其稀缺的財富，如何衍生出新的業務增長點尤其關鍵。當時龍騰出行計劃增加租車、票務、酒店、高爾夫等高階延伸服務來建立龍騰卡的服務優勢，以多個增長點來擴大利潤區，但是如何來延伸，依據何種增長邏輯來延伸成了核心難題。

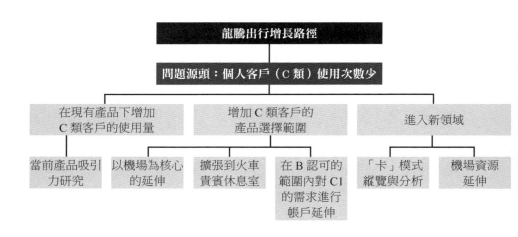

圖　龍騰出行增長路徑

　　前面兩個案例，我們都是先形成增長路徑，再把增長路徑分解成增長點，而另一種增長地圖設計的思維模式就是以問題為核心出發。我們認為，當時制約龍騰出行增長的問題源頭，就在於機構為高階客戶配置龍騰卡後，個人客戶使用次數太少，因此形成不了機構的二次採購。同時我們判斷，對於龍騰出行而言，公司最重要的資產一方面是其構建的機場貴賓休息室資源網絡，還有一個核心資產就是與機構客戶之間的連接關係。基於此，如果要從根源上解決龍騰出行的增長問題，有三個方向。方向一，目前龍騰出行機場貴賓服務產品不變，但是如何去刺激終端個人客戶使用就尤為關鍵，依據這條增長線，我們就展開終端市場研究，去判斷這個產品對個人客戶來講是否具備吸引力。第二條路徑是增加個人客戶在龍騰卡使用上的權益範圍，比如說2010年的時候，中國的高鐵飛速發展，龍騰出行可以把服務延伸到高鐵出行時的貴賓服務，這可以增加同一張卡的使用場景。另外，以機場出行為場景，將個人客戶在這個場景下的消費覆蓋，包括用車、接送客戶、機場消費，這也可以構成一條增長路徑。當然，由於我們意識到龍騰出行和機構之間的緊密合作的關係，而銀行和保險行業的貴賓增值服務在那個時候剛剛興起，因此龍騰出行還有一種業務增長方式，就是圍繞著這些機構客戶（B客戶）把所有機構發卡類個人客戶（C1客戶）可能接受的權益全部覆蓋。通過這些方式，增加場景，增加選擇，讓龍騰卡

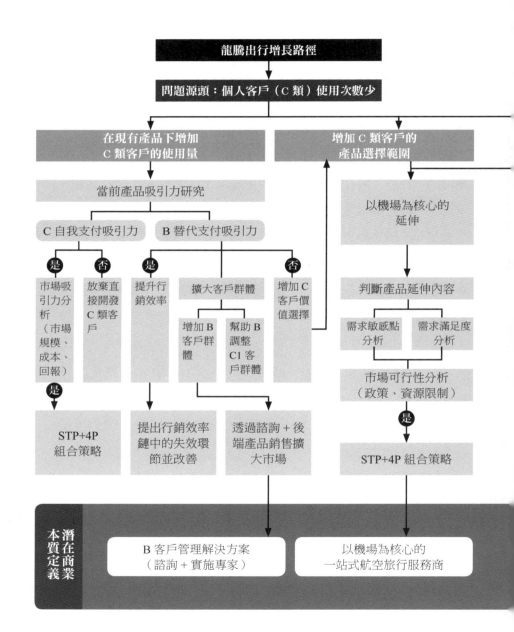

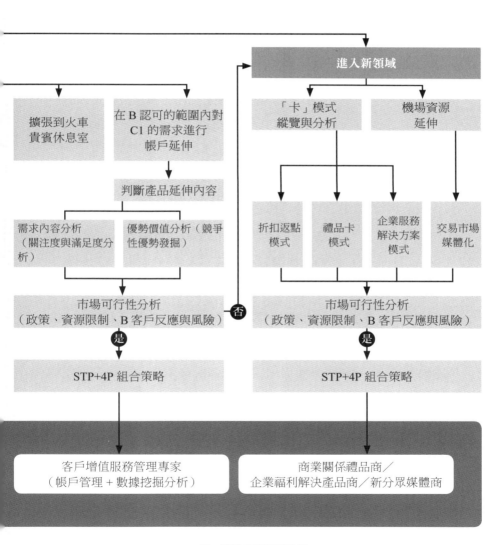

圖　龍騰出行增長路徑

的個人客戶能加速把卡的權益用完，讓機構進入下一輪採購，完成持續交易的基礎。除了上面兩條主要增長路徑外，龍騰出行還可以進入新的領域，比如龍騰卡是典型的權益型機構預付卡，所以可以對標各種預付卡的模式，進行創新和發展，或者以機場資源為核心進行擴張。在每一條主要增長路徑設計完之後，所涉及的進攻方式都不一樣。最後，我們和龍騰出行的高層一起形成了當時的整體增長地圖。

　　依據這張以問題導向的增長地圖，我們在每個點上進行了測試，最後把龍騰出行的業務目標客戶聚焦銀行和保險公司，沒有把自付費的個人客戶（C2客戶）當成重點，深化與機構類客戶的交易關係，同時形成一套刺激機構發卡類個人客戶（C1客戶）的加速使用策略，並延伸到高鐵貴賓服務等，這些決策讓龍騰出行迅速擺脫了增長困境，並於2015年開始佈局機場生態的大數據業務。

　　前面我們提到龍騰出行面臨著當時全球最大的機場貴賓服務公司Priority Pass的競爭，在這個情境下如何決策？一方面企業要增長，另一方面要形成壁壘，如果形成不了壁壘，所有的增長就缺乏護城河。當時，我們向龍騰出行建議了很多建立壁壘的方式，比如通過不對稱競爭，推出差異化的產品，例如在廣州機場設置專門VIP安檢通道快速登機，配置進龍騰卡的權益中。我們判斷，PP卡作為全球性網絡公司，難以短期為一個剛開發的市場調整策略。

　　還有一種建立壁壘的方式是幫助龍騰出行與機構之間建立深度的數據聯繫。我們意識到，銀行和保險公司之所以免費配置這些權益給高階客戶，本質上是為了提升機構VIP客戶的忠誠度，而忠誠度建立有一個很重要的前提是更精準地瞭解客戶的需求，龍騰出行可以累積這些客戶的機場刷卡數據，對這些客戶的需求進行預測，比如說這些客戶經常去哪些城市出差，頻率如何，一般出差多久。一個客戶經常出差到北京，而另一個客戶經常出差的地方是澳門，兩者對金融產品的需求是有顯著差異的。

　　基於此，我建議龍騰出行把這些數據提供給銀行，甚至可以輔助銀行分析他們最核心高階客戶的行為，以及推算背後的需求。在2010年，大數據的概念還沒有普遍興起，但是這個設置壁壘的思維，可以幫助龍騰出行更好地鎖定其機構客戶，這些數據積累越久，維度越豐富，機構客戶就越難轉換供應商，這樣龍騰出行面對競爭者的壁壘就自然建立起來。在140頁我們展示的增長地圖下，龍騰出行逐步鞏固底線、設置增長線，2017年，龍騰出行聯合中國的中信銀行發卡超過千萬張，網絡覆蓋全球，用了六年時間成為全球最大的機場貴賓服務公司，目前又在進入新一輪的增長設計，衍生到更多的機場商圈線上線下消費業務。

　　好的業務增長線設計，應該以增長地圖為基礎，形成市場界

面所有增長路徑的系統集合,並依據外部環境和競爭動態不斷變化。這些增長路徑,以及增長路徑下的增長點,就是你決勝競爭,不斷進行業務擴張的底牌。

# 05章

增長爆發線：
如何
指數級裂變

「飛龍在天。」

——《易經·乾卦》

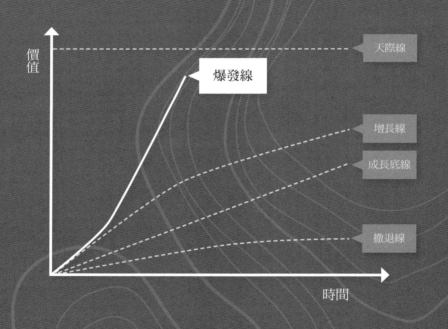

## 增長爆發線：讓你的業務指數級增長

沒有哪個CEO不想自己的業務爆發。增長地圖可以設計，企業可以做增長加法，但是在今天這個數位化連接的時代，CEO更希望彎道超車或者換道超車，獲得增長的乘法效應，甚至是指數級的增長，這就是我們在這一章想和大家談論的增長爆發線。

有一次，我去一家中國最大的金融集團拜訪其董事長，我用增長地圖的方式和他一起分解出來目前該公司業務可以獲取增長的方向，他看了後點了點頭，然後回應我：「王顧問，我認為你講的都對，但是有沒有可以迅速發展起來的『超級武器』呢？」我想這位董事長所言的「超級武器」，就是指業務可以迅速獲得指數級爆發的模式。

在這裡我們先定義「增長爆發線」，所謂「爆發」，是和線性的增長模式不一樣的，它是非線性的發展，是跨越性的發展，是指數級的發展，所以第一個特質就是快，擁有爆發線的公司是典型的快公司。第二個特點在於裂變，這種快和傳統的快不一樣，它具備指數算法的邏輯。其實，企業按照某種增長的視角也可以分為：增長黑洞型、幾何增長型和指數增長型。

什麼是增長黑洞型的公司？即此公司的增長已經陷入了黑洞，比如我們現在看到的「凡客」、「李寧」這類公司，他們的核心用戶

群已經流失，品牌衰退嚴重，增長進入了黑洞；第二類是幾何增長型的公司，這也是大多數公司捕獲到的增長路徑，企業處於從1到N的階段——進入新的區域、推出新的產品，深度開發舊有區域和客戶，比如我為一些歐美企業做顧問，幫他們進入到中國市場，或者幫助中國企業進入到東南亞市場。這些增長模式都對，都是在原有的市場地圖上做加法，但是這種增長是線性的，是有天花板的；最後一種增長則是指數增長型，也就是爆發線的設計。

我曾經在矽谷遇到了雷·庫茲韋爾（Ray Kurzweil），他是Google技術工程的負責人，同時也是未來學家。庫茲韋爾喜歡談指數級增長，他打了一個非常有意思的比喻：「如果你直線往前走30步，從第一步開始，1，2，3，4……到30步時你會一直走到30，而如果算法從幾何增長變成指數增長，那麼以指數級的速度走30步，則是2，4，6，8……走到30步時你就走到了10億。」指數級的增長在早期並無特殊之處，但在這種邏輯下，最後幾步都是以爆炸性的方式呈現的。

什麼叫算法按照指數級呈現？我們先來看「拼多多」這家公司。2018年7月26日晚，證券代碼為「PDD」的拼多多登陸美國納斯達克，成為中國第一家上市的社交電商平臺，融資16.3億美元，拼多多開盤股價即上漲至26.5美元/股，較19美元的發行價上漲39.47％。按開盤價計算，拼多多市值達到293.56億美元。公司的

招股書披露顯示，拼多多2017年全年總訂單量為43億單，同年
GMV（成交總額）達1412億元人民幣。這個數據是什麼一個概念？
從橫向比較的視野切進去，同樣的GMV超過1000億元的數據，淘
寶用了5年，京東用了10年，拼多多僅用了兩年。

　　拼多多的增長模式真可謂是爆發式的。在所有人都以為電商的
格局已經塵埃落定的時候，拼多多再次證明瞭增長的機會首先來自
看待增長的視角。 拼多多GMV以及營收增長的背後是用戶數量以
及消費額的雙重增長。 在該公司已成立兩個月時，即2015年11

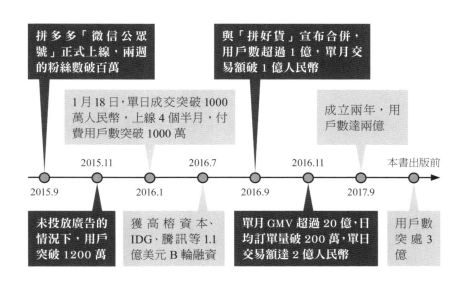

資料來源：拼多多公司官網、《搜狐新聞》、海通證券研究所

圖　拼多多發展歷程

月，用戶數突破1200萬卻未投放任何廣告。成立1年時，註冊用戶數超過1億，每月GMV超過1億元；2016年11月，每月GMV超過20億元，平均每日訂單超過200萬單；2017年3月，單月GMV超40億元；截至2017年年底，用戶數突破2億；目前用戶數突破3億。

　　如果我們把電商的收入寫成一個公式——電商收入＝（新客戶數＋現有客戶數）*（客戶交易活躍度）*每用戶平均收入，可以看到，拼多多在拓展新客戶、流量轉化、增加有效客戶的互動（購買或交易）率、增加單一消費者的貢獻度上，都進行了系統的增長設計。根據統計數據，2018年1月拼多多APP的月活躍用戶達到1.14億，比上一個月增長13.85％，位居電商第三位，僅低於淘寶（4.25億人）和京東（1.45億人），是唯品會（5447萬人）的兩倍。另外一個數據顯示，2017年拼多多周活躍滲透率8.7％，每週單個用戶打開次數平均為50.7次，僅次於手機淘寶，在購物類APP中排名第二；2017年12月的市場滲透率為19％，同比增長1507％，僅次於淘寶和京東，在綜合電子商務APP中排名第三。在拼多多上市後，以2018年二季度平均月活數據看，活躍用戶達到1.95億，較2017年同期3280萬增長495％。就活躍買家數量而言，達到了343.6萬，比2016年同期增長了245％。 通過其財務報告顯示，2018年活躍買家的平均年銷售額為762.8元。而在2017年，這個數據是385

元，這意味著增長了近一倍。

　　那麼拼多多爆發性增長的切口在哪兒？《孫子兵法》講：「激水之疾，至於漂石者，勢也。」拼多多選擇的第一個「勢」就是中國互聯網以及移動終端向三線到六線市場的滲透，以及一二線市場消費升級後所存在的「擠出效應」。智慧型手機的加速下沉，電子商務品質化的提升為拼多多提供了「東風」。2017年，中國網民數量達到7.72億，占總人口的55.5％，其中移動互聯網用戶7.5億。手機

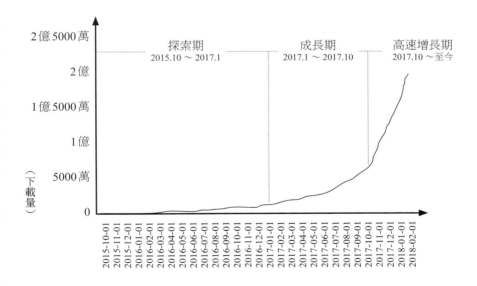

圖　拼多多用戶增長曲線

網民占整體網民的比例從2006年的0.2％穩步上升至2017年的97.5％；2017年智慧型手機出貨量達到4.61億部，市場份額約為93.9％。移動支付等技術也在此期間迅速發展。

如果你眼中的戰場只放在大陸的一二線城市，上面這些數據對決策者就僅有「統計意義」，不具備「增長意義」。近年來以VIVO、OPPO為代表的智慧型手機品牌也在進行增長設計，它們早五年已經把市場進行下沉，通過「深度分銷」的方式，在三四線以及小鎮農村進行市場滲透，低線城市用戶的觸網為拼多多帶來大量新增流量，這種流量是京東和亞馬遜之前沒有注意到的市場。拼多多的黃崢卻看到了低線城市觸網帶來新鮮流量，所以拼多多以大陸的三至六線城市為突破口，聚焦高價格敏感用戶。根據2017年11月統計數據，拼多多近65％的用戶分佈在三線及以下城市，一線城市用戶比例僅為7.56％，而京東一線城市用戶比例約為15.7％。根據百度指數，拼多多89％的用戶年齡在30歲以上，其中50％的用戶年齡在30-39歲之間。

鎖定三線到六線市場，鎖定價格敏感客戶，拼多多的電商價值定位就和阿里、京東形成了巨大差異。近幾年中國市場一直在提「消費升級」，原有互聯網巨頭都在佈局消費升級後的精品電商，例如網易嚴選、盒馬生鮮、天貓小店、生活選集等。消費升級的提出與精品電商的佈局，與拼多多成立和快速發展的時間段高度重

合。拼多多反其道行之，鎖定三線到六線市場與價格敏感客戶，接過了大量被消費升級擠出的商戶和消費者，進入似乎是當時的「策略無人區」，拼多多接手降級市場，錯位競爭實現彎道超車。

　　拼多多的第二個「勢」在於把「社交」與「電商」融合。從阿里和騰訊這兩家互聯網超級巨頭的競爭力看，一方佔領了「電商」，一方雄踞在「社交」，但是雙方似乎沒有找到一個將這兩個元素融合在一起的模式。騰訊早期自己嘗試做電商，未有效果，後來採取投資的方式進入，而阿里一直想發展社交，而自身孵化的項目中也僅有「釘釘」具備一定影響力，拼多多則將兩者進行了有效融合。

　　新創公司要學會拿到好牌，增長策略上有很多牌，其中一張叫做「超級流量入口」。什麼是超級流量入口，就是當你把產品導入到這個流量入口上，你就會形成自己的流量池，相當於給自己的業務接了一個自來水龍頭。比如餓了嗎在2018年被阿里收購，市場策略討論來討論去，在很多增長方法中抓出第一條就是「超級流量入口」，把餓了嗎接入到阿里的工作社交平臺釘釘，讓公司補貼員工的餐費在釘釘中派發，這個餐費又和餓了嗎進行關聯，釘釘就成了餓了嗎的超級流量入口。

　　拼多多迅速找到了自己的「超級流量入口」，在B輪融資時引入騰訊，依靠其「微信」的龐大用戶基礎和強粘性，形成流量池。2016年7月，公司獲得高榕資本、IDG和騰訊投資領投的1.1億美

元的 B 輪融資。騰訊的入股，使得拼多多在淘寶、京東的壟斷下找到了強有力的流量支持者，拼多多依靠微信生態內的閉環流量發展至今，淘寶和京東等電子商務巨頭都無法實施有效的反擊和防禦。

拼多多快速獲取用戶的關鍵是社交和低成本——刺激用戶通過低價產品在微信上分享和傳播。微信已成為拼多多的流量入口，拼多多將電子商務成功融入社交平臺。用戶想要拿到拼多多上的超級優惠價格，就要主動發起「拼團」，這樣的話只要激勵了一個用戶，用戶周邊尤其是微信關係上的朋友、家人、鄰居都有可能被覆蓋，就像你把石頭投入到湖水中，形成了一圈一圈的波紋，這種連帶式組團使得消費者的社交資產被充分發揚，社交電子商務模式使拼多多公司能夠以較低的成本快速獲取到 3 億用戶，而數十萬的訂單將使拼多多對上游具有更強的議價能力。拼多多挾用戶以令上游，直接與製造商、與品牌商合作，以 C2B 模式去掉許多中間環節，為消費者帶來低成本的商品，形成增長的良性循環。

拼多多的爆發線增長是建立在與用戶關係的指數式應用發揚和購買裂變上。傳統時代的業務基本上是 B2C 業務，即企業面對消費者，進行推廣傳播、通路構建與銷售，而數位時代最大的特點是「一線之間」——消費者自身就是互聯體，原有 B2C 是幾何增長的模式，如果能把用戶關係資產給充分發揚，這個算法模型就從 B2C 變成了 B2C2C 的 N 次方模式，C 的 N 次方就是用戶的指數裂變。

　　拼多多還有效佈局了微信「小程序」（應用），利用微信小程序「無需安裝、用完即走、無需註冊、無需登錄」等特性，大大降低了用戶要裝載一個APP的行為壁壘，利用微信小程序增加消費者購物便利性。在2017年11月的微信小程序排行榜上，拼多多在小程序TOP200榜單中位居榜首，累計用戶數、訪問次數、停留時長、分享次數等指標迅速爆發，反映了拼多多借助小程序成長迅速。

　　拼多多不僅佔領了「超級流量入口」，還把「超級流量入口」和用戶社交關係資產用到極致。拼多多利用「微信紅包」推廣自身App，不定期給客戶發放分享紅包：客戶需要把紅包分享出去，並且在一定數量的好友打開app之後才能一起獲得抵扣金。這種方法把非App客戶引流至App，並不斷拉入新用戶。同時，為了留住App的用戶，拼多多還通過簽到紅包、答題紅包等方式增加用戶黏性，而答題紅包同樣可以分享給好友，好友答對，用戶也可以拿到紅包獎勵。

　　最後才是廣告集中轟炸，以迅速提升在目標市場上的知名度和信任度。為鞏固其流量優勢和品牌知名度，拼多多自2016年10月起在一線和二線城市推出了大量線下廣告，包括地鐵和公共汽車等室外場景，以及大數的電梯內螢幕。與此同時，還花費了數億人民幣在各種流行的綜藝節目中插入廣告，相繼成為《極限挑戰》、《奔跑吧，兄弟》、《中國新歌聲》、《非誠勿擾》、《我是大偵探》、《歡樂

喜劇人》、《快樂大本營》等大陸知節目的廣告投放主。贊助綜藝節目迅速拓展了拼多多在三到六線市場上的知名度和信任度，吸引了大量精準的消費人群。

# 如何設計你的業務爆發線

解剖了拼多多的案例，我們看到一個事實，即一家公司用了兩年時間，把GMV數據突破了1000億元。從京東的10年，淘寶的5年，縮短到拼多多版本的2年，這種業務的指數級爆發是傳統公司所看不到的。所以，我們講取勢、明道、優術、篤行，勢在第一，而今天最大的勢就是數位化，企業如果沒有按下自己數位化的按鈕，在今天不可能去想像這家公司可以爆發。

## 數位化是爆發線的必要基因

生物人類學家認為基因決定了人的生老病死，它是存在於人體每一個細胞內的脫氧核糖核酸分子（即DNA分子）。DNA分子在細胞核內的染色體上，由兩條相互盤繞的鏈組成，每一條鏈都是由單

| 1900 ～ 2004年創業的千億美元市值企業 ||
| 非數位類企業 | 數位類企業 |
| --- | --- |
| 1916年，波音，航空技術 | 1964年，IBM，1911年創業，1964年轉型IT科技 |
| 1921年，斯倫貝謝（Schlumberger），石油服務 | 1968年，英特爾，數位科技 |
| 1933年，豐田，汽車（日本） | 1972年，SAP，數位軟體（德國） |
| 1956年，波克夏（Berkshire Hathaway），金融投資 | 1975年，微軟，數位軟體 |
| 1962年，沃爾瑪，零售 | 1976年，蘋果，數位科技 |
| 1963年，Comcast，文化娛樂 | 1977年，甲骨文，軟體 |
| 1976年，VISA，金融 | 1982年，Vodafone，IT電信（英國） |
| 1978年，家得寶，零售 | 1984年，思科，IT科技 |
| 1987年，吉利特科學，生物 | 1985年，高通，IT科技 |
|  | 1995年，亞馬遜，互聯網 |
|  | 1998年，Google，數位互聯網 |
|  | 1998年，騰訊，IT互聯網（中國） |
|  | 1999年，阿里巴巴，數位互聯網（中國） |
|  | 2004年，Facebook，數位互聯網 |

**表** 千億美元市值企業基因圖

一成分首尾相接縱向排列而成。所謂基因圖譜就是由31億個「字母」——A、T、G、C的排列組合。如果我們把基因圖譜這個概念遷移到對爆發線的研究上，首先數位化是爆發線的必要基因條件。

若我們看一下上頁的表：1900年到2004年創業公司市值過千億美元的企業，1916年有波音，到今天都是在從事航空技術，1921年是斯倫貝謝，1933年是豐田，1962年是沃爾瑪……2004年是Facebook。如果把這些公司按照數位化的基因來做一個劃分，會有驚人的發現——1987年之後創業的公司，如果沒有數位化的基因，不可能達到千億美元的市值，比如1995年的亞馬遜，1998年的Google，1999年的阿里巴巴，2004年的Facebook，這些千億美元市值的企業，無一例外全部擁有數位化基因。

「餓了嗎」成立於2009年，作為改變人們吃飯方式的外賣行業巨頭，日交易額輕鬆破2億元人民幣，而美國的Uber估值已經超過700億美元。對比一下可能更加直觀：底特律的三家主要汽車公司的市值都遠未達到600億美元（通用汽車、福特公司和克萊斯勒）。同樣在飯店業，Airbnb的估值為255億美元，萬豪和喜達屋的總市值也僅為195億美元。另外我們還可以看到，滴滴550億美元（截至2018年5月）、今日頭條350美億元（截至2018年5月）、小紅書30億美元（截至2018年6月）——迅速爆發、估值衝高、裂變之快是這批企業的識別特質。更令人欣喜的是，在數位時代互聯網化的

競爭中，只有兩個玩家：美國和中國，我將其稱為「數位G2」。從最新數據來看，全球互聯網企業市值最高的10家企業，中美平分秋色。從另一個角度也可以看出中國在數位時代的影響力：在哈佛商學院上，談論起零售行業數位化轉型時，提及最多的就是中國的O2O、快捷支付；甚至哈佛商學院的副院長達斯・納拉揚達斯（Das Narayandas）也在學習使用微信，這在非數位時代是難以想像的。在這個時代，中國企業第一次擁有了彎道超車的機會。

同樣的，細看千億美元市值企業基因圖，我們就需要重新定義企業。傳統的劃分方式已經過時了，如果我們今天去定義一家創新公司究竟從事的是什麼行業，其實已經非常困難。這裡我提出另一種劃分，在數位化浪潮下，未來只有三種企業，第一種我將其稱之為「原生型數位公司」，典型的就是BAT（百度、阿里、騰訊）、Google，亞馬遜、Facebook這類公司，這類公司第一天生出來，就是互聯網形態，就有數據累積，未來就可以依據大數據積累往人工智能進化；第二種我將其稱之為「再生型數位公司」，這類公司包括蘋果、共享單車、小米，這些公司的特點在於本來從事的行業是傳統業務，但是創始人將其互聯網化、數位連接化，使得這些公司具有後天的數位化特點，當然這些公司的估值比同行業類的傳統企業高十倍、甚至百倍不止；最後一類叫做傳統公司。

在數位化的背景下，新技術的應用速度越來越快。麥肯錫做了

一項有意思的研究，他們計算了不同時代下的產品其用戶累積到5000萬人所需要的年數。其中，無線電發明之後，經過了38年，全球才有5000萬台收音機投入使用。而同樣是5000萬台電視機，走入家庭用了13年。互聯網普及到有5000萬網民只用了3年，Facebook達到5000萬用戶只用了1年，Twitter僅用了9個月。2016年，精靈寶可夢（Pokemon GO）遊戲用了短短19天，就有5000萬用戶下載了這款遊戲。

## 設計你的產品爆發線

數位化是基因，但並不是所有的數位化公司都能夠獲得指數級增長，其關鍵在於是否掌握了設計業務爆發線的能力。典型的業務爆發途徑有兩種：產品爆發和傳播爆發。一條好的業務爆發線要同時兼顧這兩條途徑。我們先來看產品爆發線。好產品是增長的根本，業務爆發離不開一個好產品，其核心關鍵在於，如何才能打造出一個爆發性產品，如何能夠把瘋傳的基因設計進你的產品，甚至是業務模式中，這樣，你的整個業務，就會像病毒一樣呈指數擴散。打造產品爆發線要做好四大要素：風口、創新、效率、快。

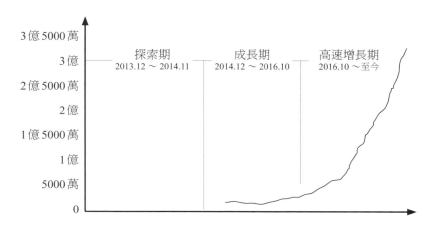

注：匯總來源包括：360網、百度網、應用寶、豌豆莢、華為手機、OPPO手機、VIVO手機、魅族手機、聯想手機等。僅「安卓」作業系統的下載統計，不含2015年10月前數據

圖　「小紅書」用戶增長曲線

## 風口：成倍提升用戶體驗的大機會

　　這個「風口」不是指資本的風口，而是市場的風口。市場的熱情是將用戶體驗翻倍的大好機會。為什麼要成倍提升？因為好一倍兩倍，消費者是有感覺的，體驗提升3％或5％，消費者沒有感覺，所以必須成倍提升用戶體驗。　什麼叫大機會？大機會是這個賽道的潛在市場規模，它決定了你能不能吸引到人才、資源和資本支持你。我們以小紅書為例。小紅書成立於2013年，通過深耕

UGC的購物分享社區，至今已發展成全球最大的消費類口碑庫和社區電商平臺，截至2017年5月累計銷售額已近百億元。如今，小紅書的月度活躍用戶近3000萬人，用戶突破1億人，成為200多個國家和地區年輕消費者必備的「購物神器」。

很顯然，小紅書抓住了風口。小紅書瞄準精準人群，洞察需求，抓住風口，及時切入。尤其是在2013年12月時緊扣香港聖誕打折旺季，迅速贏取了一大批種子用戶，實現了產品冷啟動。小紅書是不是成倍地提升了用戶體驗？新中產階級開始追求境外旅遊和境外優質商品，但訊息的缺乏使許多人在國外購物時遇到諸多困難。小紅書從這一問題切入，打造「海淘顧問」形象，為用戶提供境外購物攻略，解決了「去哪買、什麼值得買」的購物痛點，給用戶帶來了方便。我們甚至可以量化評估，小紅書在查攻略、搜地圖、看翻譯等購物決策時間上，以及在交通、稅費等成本上，是不是為用戶做到了成倍節省？我想這是顯而易見的，否則小紅書也不會被稱為「購物神器」。

跨境電商是不是個大機會？當然是，而且在小紅書誕生不久的2014年下半年，中國政府推出了一系列支持跨境電商發展的政策，跨境電商迎來屬它的發展元年，到2018年，中國的跨境電子商務市場已達到8.8萬億元，四年從0增長到8.8萬億，任何一個玩家都有爆發性增長的機會，而小紅書作為天然的海外品牌教育基地，跨境電商業務非常順其自然地成為它的新業務增長點，其所獲取的用

戶非常精準，且黏性高，消費能力強。在跨境電子商務的風口，小
紅書也迎來了「社區＋電子商務」的發展機遇。

## 技術與模式創新：抓住機會的兩種途徑

　　當你發現了一個能成倍提高用戶體驗的大機會，可以說是有
「天時」，爆發線還得有一個必要的推手，就是「地利」：技術加持
的供給面大爆炸創新，或者用商業模式重新組合、配置資源。讓我
們把聚光燈打到「抖音」這家公司上。抖音是一款可以進行創意音
樂短視頻拍攝的社交軟體。用戶可以通過這一款應用拍攝15秒的

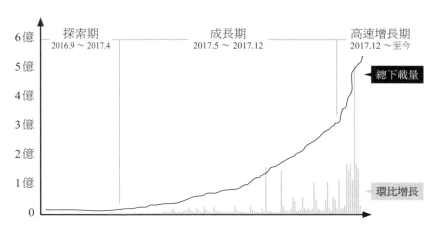

圖　抖音用戶增長曲線

短視頻，並自主配樂，從而形成自己獨特的風格。

　　2016年9月，抖音在今日頭條內部成立專案部門。在短短兩年不到的時間，抖音的發展一路高歌猛進，截至2018年6月初，該公司宣佈，抖音app每日用戶使用數超過1.5億，每月用戶數突破3億。特別是在2018年春節期間，抖音日常用戶的數量迅速增加，從不到4000萬增加到近7000萬，一度傳出抖音估值80億美元的消息。與此同時，抖音也在海外市場上表現突出，在泰國、馬來西亞、柬埔寨、印度尼西亞和越南等國，已經多次登上當地的App Store / Google Play下載榜單。根據Sensor Tower發佈的2018年第一季度移動應用市場報告數據，抖音及海外版本已在Apple Store中下載了4580萬次，成為全球下載量最高的iOS應用。

　　抖音能如此成功，與強大的技術背景分不開。許多時候，人們都能預知到下一個風口的方向，但直到技術手段真正成熟，人們才能把它真正變成一個能夠真的成倍提高用戶體驗的商品。用於驅動抖音成功的技術之一是圖像處理技術。 典型代表是2017年12月抖音推出的「尬舞機」功能，這讓抖音一度登上了Apple Store免費榜總榜的第一名。「尬舞機」是由今日頭條AI實驗室研發，利用人體關鍵點檢測技術，實現用戶動作和目標動作的適配，讓用戶可以低門檻的體驗到「類體感」遊戲。這類遊戲一經推出，就因其可玩性和娛樂性迅速爆紅。

　　驅動抖音成功的技術之二是智能推薦算法，抖音繼承了今日頭條的優秀算法，當用戶上傳視頻後，這個視頻首先會進入規模較小的流量池，被一部分人看到，如果其評論和點贊較高的話，就會進一步被更大範圍推廣，以此類推，這使得一個視頻可以有很強的生命力。這樣的方法可以保證每個人的作品最起碼會被一小部分的人看到，而且如果內容優秀就可以借此方式火起來。與此同時，大 V（擁有許多粉絲的網路名人或內容頻道）也無法轉發視頻以增加流量，這樣去中心化的模式讓更多普通人擁有了較為公平的成名通路，抖音也因此得到了許多人的青睞。

　　除了企業的核心技術創新，當行業技術有一定程度的成熟時，技術發展也將促進商業模式創新。通過商業模式創新實現的爆發性產品往往是把瘋傳的基因設計入業務模式中。拼多多即基於微信朋友圈分享和群組共享模式的快速發展，利用了微信社交軟體相對分散、更加具有場景化的功能，以流量做切入，以用戶為源頭，以好友分享與傳播為基礎，以拼團超級優惠為價值點，使得每個用戶都成了它的可以裂變的行銷通路，都成了它的流量分發中心與信任背書平臺，每個用戶都是團購的發起者，也可以成為團購訊息的接收者。與此同時，基於社交關係的信用認可也減少了用戶對電子商務平臺的不信任。在購買高質量和低價格的產品後，用戶增強了他們對拼多多平臺的信任，並成為下次開團的發起者。就這樣，拼多多吸引了更多用戶，形成一通十通的裂變效應，獲得爆炸式增長。

## 效率：警惕暗處的陷阱

　　大多數情況下，用創新抓住提升用戶體驗的大機會就等於成功了一大半，但如果實現這種體驗的代價是降低企業效率，那麼你的業務很有可能已經在不知不覺中掉入了增長黑洞。在2014年爆發的O2O行業就是深刻的教訓，那時候通過大規模補貼獲得高速增長的企業，如上門按摩、上門做飯、上門理髮等O2O服務，在今天幾乎都已關門大吉，或是業務轉型，勉強生存。

　　表面上來看，它們也成倍提高了用戶體驗，也選擇了足夠大的賽道，也通過商業模式創新抓住了機會，並且在短時間內獲得了用戶的爆發性增長，但最終卻不可持續，當補貼停止時，增長也就停止了。其本質上，是因為沒有提高行業效率，甚至效率是下降的。阿里前CEO衛哲曾分析「河狸家」這個公司：當他們上門服務時，每位工匠每天可以做2至3個訂單，但如果他們在商店，則每天可以完成6到8個訂單。此時，雖然由於O2O節省了租金，但每人每天的產量卻在下降，整個行業的效率也就降低了，那麼手藝人到底是上門划算還是開店划算呢？很顯然，效率降低意味著各項成本增高，從根本上就阻絕了爆發性增長，只會陷入做得越多虧損越多的怪圈，加速企業的死亡，利潤區被吞噬。

## 快：資本驅動

在爆發性增長中，「快」極為重要，它意味著壓倒性的兵力投入。一個大風口，往往是被一群創新人才追逐的，誰擁有更多資源，能夠更先佔領市場，就決定了勝負。比如音樂短視頻領域，musical.ly事實上具備先發優勢，2014年它在美國率先上線，2015年7月，更是登上美國 Apple store 的「總榜」和「攝影與錄像」應用兩個榜單之首。但在大陸市場，它的業務發展情況並不理想。2016年9月才上線的抖音後來居上，通過一系列高效地版本迭代和營運活動牢牢佔領了中國本土市場。2017年初 musical. ly 意識到本土化的重要性，開始推廣自己本地化的短視頻產品 muse 時，最好的時機已經過去，此時抖音已迅速搶佔了中國國內音樂垂直類短視頻市場。2017年11月10日，Musical.ly 被今日頭條以10億美元收購。

增長性爆發中資本的加持尤為重要，這在網約車「滴滴」和「快的」之戰中，以及滴滴的爆發性崛起上表現尤為明顯。這兩家公司都趕上了移動互聯網應用爆發增長的風口，市場需求和新技術應用嫁接在一起，迅速拱起一個千億級的新市場，如果說當時矽谷還在傳播科技作家克里斯·安德森（Chris Anderson）說的「免費」的商業模式，那麼安德森到了中國看滴滴和快的的發展會瞠目結舌。這兩家公司一路燒錢，一路打仗，以「付費補貼」的方式，把

這個市場做到迅速爆發。風口都在，如果競爭中兩家策略相似，那麼拼的東西很簡單，就一個字——快。這種爆發性擴張的快必須要有資本的介入，而且在第一輪融資之時，第二輪到第N輪就要開始平行推進了。所謂爆發，就是力量不要均衡分佈，短週期集中打擊要點，要一次性地燒到100度直至沸騰，按兵法來說這叫做「一戰而勝」。滴滴和快的都在2012年成立。自成立之日起，兩者在市場上的步伐非常相似，競爭異常激烈。根據數據，在滴滴和快的合併之前，滴滴接受了四輪投資，對外宣佈的總融資金額超過8億美元，快的宣佈的融資金額與滴滴類似。在大量資金的支持下，滴滴和快的關於市場份額競爭的「燒錢大戰」也迅速加劇。在騰訊和阿

| 融資 | 滴滴融資情況 | | | 快的融資情況 | | |
|---|---|---|---|---|---|---|
| | 時間 | 金額 | 投資方 | 時間 | 金額 | 融資方 |
| A輪 | 2012.09 | 300萬美元 | 金沙江創投 | 2013.06 | 1000萬美元 | 阿里 |
| B輪 | 2013.05 | 1500萬美元 | 騰訊 | 2014年初 | 1.2億美元 | 阿里等 |
| C輪 | 2014.01 | 1億美元 | 中信產業基金 | 2014.10 | 8000萬美元 | 老虎環球基金、阿里 |
| D輪 | 2014.12 | 7億美元 | 淡馬錫、DST、騰訊等 | 2015.01 | 6億美元 | 軟銀、阿里巴巴、老虎環球基金 |

表　滴滴和快的初期融資情況

里這兩家巨頭投資獲得股份後，滴滴和快的也成為微信支付和支付寶獲得移動互聯網用戶的策略高地。2014年1月，滴滴宣佈與微信合作，支持微信支付功能，而快的出租車業務早在2013年就與支付寶相連，雙方都開始強調他們的移動支付。我們在上頁的表即可看到當時雙方的融資情況。

　　手上有彈藥，子彈才能橫飛。雙方的融資就是一個「蘿拉快跑」的過程，我們從表中也可以看到滴滴和快遞合併前雙方幾乎每半年就有一輪融資，雙方用資本的助推把這個新興市場快速點沸。2013年12月，滴滴投入了8000萬美元用於獎勵接受訂單的司機；2014年1月，在入駐微信之後，它開始了為乘客提供10元優惠券，為駕駛員提供10元補貼的活動，後又宣佈投入10億元補貼。整個補貼大戰雙方耗資超過20億人民幣。滴滴和快的的「快」與「狠」讓其成為贏家，而反觀當時另一支勁旅「易到用車」，由於在補貼大戰中遲疑，使得其在第一陣營中出局，後來易到的創始人周航在私下場合反覆反思此戰敗局的要因——面對一天要簽出千萬乃至上億的補貼費用，猶豫不決錯過了戰機。

## 設計你的傳播爆發線

　　談完了產品爆發線，我們再來談傳播爆發線的特質。傳播爆發

線既適用於數位型公司，也適用業務傳統但希望通過數位化來進行傳播的公司。

擁有爆發性產品的小紅書，其傳播爆發線也打造得很成功。小紅書迎合流行審美文化和用戶興趣，打造了一系列大型爆款活動行銷並取得了爆發性效果。 如舉辦＃全球大賞＃活動，邀請眾多明星，形成官方權威性的榜單；2015年的「小鮮肉送快遞」行銷活動，吸睛且極具話題性，當天就新增近300萬用戶，銷售額相當於5月一整月的銷售額；打造「紅色星期五」、「紅色大巴車」等聖誕節推廣活動，新增200萬用戶，且新用戶下單比例達54％，訂單轉化率高達40％等。這些活動好玩有趣、大膽、高顏值、場景化、視覺強烈，抓住了年輕女性的興趣點，引發了爆發性的增長。

如果你的業務是非數位化的，那麼傳播爆發線就成為了業務爆發的唯一途徑，更要重點關注。而設計傳播爆發線，有三大要素：打造社交貨幣、借力頭部流量、社交病毒擴散。

## 打造社交貨幣

在2014年，「冰桶挑戰」是社交媒體中傳播最廣泛的活動。 冰

桶挑戰，全稱為「ALS冰桶挑戰賽」（ALS Ice Bucket Challenge），是一項為對抗「肌肉萎縮性側索硬化症」而發起的、主要在社交網絡上傳播的慈善籌款活動。該活動規定被邀請者將在24小時內接受挑戰或選擇捐贈給慈善機構（不接受挑戰）並且不能反覆參加活動。如果被邀請者接受了挑戰，他將在網上發佈他澆水的視頻內容，然後他可以邀請其他三個人參加這個活動。這個慈善活動旨在讓更多人瞭解被稱為「漸凍症」的罕見疾病，並為患者籌集治療資金。國際和國內的慈善項目非常多，但是利用社交媒體傳播，達到「一夜爆屏」的慈善活動卻很少。這背後的原因在哪兒呢？

　　沃頓商學院行銷學教授喬納・伯傑（Jonah Berger）有一本書，叫做《瘋傳：讓你的產品、思想、行為像病毒一樣入侵》，伯傑通過大量的行銷行為學實證研究，發現了能創出「瘋傳」（也就是快速口碑傳遞，實現社會影響效應）的原因，在研究的基礎上，他總結出現象背後的STEPPS原則，我們結合冰桶效應的形成逐一分析：

　　S：社交貨幣（Social Currency），所謂社交貨幣，意思是人們都傾向於選擇標誌性的身份信號作為判斷身份的依據。人們喜歡分享，因為他會覺得這是他個人身份的體現，會讓他看起來更加的精明、機智，獲得更多好評。我們看到「ALS冰桶挑戰賽」正好符合社交貨幣的特質，一個人在社交媒體上參與、轉發該活動，能顯示自己善良、關注社會的友好特質，這非常有利於促使人們去轉發；

　　T：誘因（Trigger）：簡單的來說就是讓你的產品與一件經常出現在人們的視野中的東西掛鉤，不斷激發人的聯想（增加其討論度）。我們發現很多產品或者慈善活動的社會化推廣未獲得成功很重要原因在於「間斷性提醒」不夠，而冰桶挑戰最大一個特質是傳遞，在不同的人、不同的環境下出現新的「客戶創造內容（Customer generate content）」，反覆提醒，形成持續誘因，其實《小蘋果》舞曲的一夜走紅也是這個原理——網絡上同一時間大量出現不同版本的「小蘋果」；

　　E：情緒（Emotion）：社交媒體上瘋傳的情緒具有高喚醒性，這種喚醒可以體現在生理和心理的方面。當然，單獨的激發心理或者生理的反應也會影響人們傳播的積極性。冰桶挑戰中，發起者很巧妙地用「冰水澆身」滿足了大眾草根群體的圍觀心理：好玩有趣夠搞笑，尤其是看到印象中所謂的高富帥——讓雷軍、李彥宏、劉德華他們變成落湯雞，並且有視頻上傳到社交網絡，夠好玩，挑起參與和傳播情緒；

　　P：公共性（Public）：即在社交媒體上利用人的從眾心理，增加行銷的可視性，放大這種從眾性。冰桶挑戰將「公共性」可謂利用到極致，冰桶挑戰中有個重要的規則設計是利用圈層效應，你接到任務完成後可以向你周邊三個好朋友發起點名參與（而非邀請），我們可以看到，在社交媒體上傳播的關係鏈是：美國新澤西州州長

克裡斯蒂點名Facebook創始人祖克伯，祖克伯點名比爾・蓋茨，比爾・蓋茨點名俄羅斯投資巨頭、DST公司的創始人尤里・米爾納（Yuri Milner），米爾納又點名了他的投資對象之一、小米科技的創始人雷軍，於是傳播一夜之間從美國到了中國，社交媒體的六度效應被充分發揚；

　　P：實用價值（Practical Value）：即在社交媒體上研究你想要傳播的訊息對其他人到底有何好處，如何把這個好處有效放大。在冰桶挑戰的規則設計中有一條：要嘛在24小時內接受挑戰，要麼捐款100美元給慈善基金。這種活動的傳播能讓原有的慈善活動能有趣也更能看到慈善效果。對於絕大部分人來說，100美元都不是問題，難點在於背後的道德綁架，倘若只捐錢而不參與挑戰，顯然降低了這種慈善行為的傳播率與持續性，從某種意義上說，這就是不太道德的，當時美國總統奧巴馬就是顧及形象，只捐錢而不參與，被圍觀群眾質疑，這種「綁架式實用價值」的設計讓挑戰變成一種通關遊戲，更有趣好玩；

　　S：故事（Stories）：即我們設計訊息傳播的時候要注意把我們產品的利益點和故事相整合。在冰桶挑戰中，24小時時間限制非常關鍵，因為它每間隔24小時，都能掀起一個小熱點。同樣，挑戰中還規定挑戰者成功後只能指定三個人再接受挑戰，越是稀缺的設計反而引發大家的議論和參與，表達自己參與這場傳遞活動的光榮

（某種意義上像聖火傳遞），同時用冰桶來做「視覺錘道具」比其他形式更能深入人心。

　　喬納・伯傑提到的瘋傳「STEPPS」法則其實可以更簡化，簡化到一個詞語，就是他提到的第一項「社交貨幣」，社交貨幣源自社會經濟學（Social Economy）的概念，它可以衡量用戶分享與品牌相關的內容的傾向。簡而言之，就是利用人們願意與他人分享的品質來塑造他們的產品或想法，從而達到口碑傳播的目的。還可以理解為，社交貨幣就是社會中兩個或兩個以上的多個個體，在獲取認同感與聯繫感之前對於自身知識儲備的消耗。比如大家玩同一款網遊，別人談論熱門電影時你也去參與，這就是對社交貨幣的消費。社會歸屬感和與他人的聯繫是社交貨幣購買的產品。社交貨幣是有效打通社交鏈條的武器，可以把你的產品、品牌迅速裂變出去。

　　本質上，抖音就是一個很好的「社交貨幣」產品，抖音是一款強大的短視頻製作軟體，它功能齊全，有大量音樂、濾鏡、美顏、特效可供選擇，相比競爭對手，抖音在用戶體驗上做到了簡單易操作——用戶可以直接在軟體內實現設置音樂、剪輯視頻、增加特效等功能，也可以用簡單的模板和功能按鈕，幫助用戶完成以前做不到的效果，比如逆向還原等。不論是搞怪、才藝、旅行見聞，抖音用戶都能通過軟體製作出符合自己的個性的視頻，這種簡單的操作和獨特的功能使得產品本身就具備高感知的特質，也讓抖音裡的用

戶內容都變成了一個個社交貨幣。

　　從「瘋傳」的角度來說，社交貨幣就是人們會判斷自己在社交網絡上的行為，比如轉發分享、點贊，是否更能增加別人對自己的正向判斷。如果你在互聯網上設計的產品、或在行銷方式中能有效植入「社交貨幣」，你的產品就可以有被瘋傳的機會，所以對社交貨幣的捕捉，會讓你的產品、思想、行為像病毒一樣入侵和傳播。

## 借力頭部流量

　　這種爆發的社交裂變中還要抓到「頭部流量」。自2017年5月份開始，抖音開始通過與明星合作進行產品宣傳。在2017年6月底，抖音正式發佈歌手吳亦凡拍攝的「抖音×中國有嘻哈」的宣傳短片；7月底，另一歌手鹿晗的新歌〈零界點〉登陸抖音，與此同時，抖音也贊助了《中國有嘻哈》。8月份，抖音登陸了《快樂大本營》，並舉辦首屆「IDOU之夜」，開始了線下活動拓展。9月初，抖音聯合「摩拜」實現了跨領域合作，登上《天天向上》欄目，並在月底與Airbnb、雪弗蘭、哈爾濱啤酒合作拍攝首支品牌視頻廣告。2017年11月10日，今日頭條以10億美元收購北美音樂短視頻社交平臺Musical.ly，隨後將之與抖音合併。這階段中，抖音關注年輕

人群體,透過贊助一系列年輕人感興趣的節目,不僅奠定了產品的基調,也迅速將產品推到了目標受眾眼前,從而實現用戶倍增。

小紅書也是借力頭部流量的典範。為了契合年輕女性愛追星追劇、觀看綜藝的喜好,小紅書贊助了多個熱門真人秀綜藝節目,並吸引明星入駐。如贊助《偶像練習生》和《創造101》,快速獲取大量曝光和用戶數;吸引自帶流量的明星如范冰冰、林允、張雨綺等入駐,利用明星效應帶來新一波熱度和消費點,也形成明星、KOL（Key Opinion Leader,關鍵意見者）、素人的金字塔式內容生態。

## 社交病毒擴散

如果說移動互聯網的前五年一直在釋放「流量紅利」,那在流量紅利開始走向枯竭的時候,「社交紅利」可能成了企業釋放爆發的一把飛刀。

我們可以對比阿里和騰訊的業務基因,阿里的核心系統是以交易為基礎,而騰訊的核心基因在於社交。如果說我們把社交性作為橫軸,交易性作為縱軸,可以發現這裡兩家大型公司都在進行交叉性延伸。騰訊內部依據社交數據設計出一套社交引力指數,反映出公司對於用戶的吸引力,騰訊將其稱為「社交能 」,社交能由四個

要素構成，它們是社交圈指數、朋友圈指數、粉絲圈指數以及社交引力，根據騰訊的數據測試，社交能和企業當前的市場占比以及未來的增長潛力高度相關。

　　傳播爆發線的崛起往往具備「傳染性」的特質，「傳染性」可以定義為「是否可以像病毒一樣傳播」，如病毒一樣，具有高鏈接、高連帶、高生長的特質，而社交鏈條，就像是病毒傳播的通路。抖音有著很強的社交性，抖音用戶在發佈視頻時，可以通過加tag（標注）參加相應的挑戰，從而發現同好。抖音的關注、點讚、留言功能也方便了用戶選擇自己喜歡的群體。在加完關注後，還能在「關注」欄中看到他們的專屬更新，主頁也會有他們的推送。除此之外，系統還會通過關注的人來推薦可能認識的人，從而興趣類似的人能夠建立自己的社區。這種高連接讓社交關係的裂變增長效應釋放出來，並通過大數據進行定向擴散。

　　今天許多傳統公司開始通過抖音進行行銷，從本質上，這就是期望打造一條傳播爆發線。影業公司「華誼兄弟」一年會投資9到12部電影，同時也引入境外的影片在中國影院上映，比如大家熟知的《摔跤吧！爸爸》。有一次我去這家中國最大的電影娛樂公司拜訪高階主管，問他們最近票房最好的影片是什麼。這位朋友告訴我，最近從華誼殺出來的電影黑馬是《前任3》，這部電影按照「貓眼」（大陸著名的電影市場分析平臺）大數據去推算票房大概在4到

6億人民幣之間，結果最後的票房是19億。那麼這部電影是如何在短時間內，跨越三四倍達到19億票房的爆發呢？貓眼大數據推算出的4到6億票房是建立在垂直的用戶畫像的基礎上，比如過去看此類型消費者的人群、頻率，然後把這些數據整理成一個模型，跑出來的數據即《前任3》的成長底線即預估票房。果然在電影上映的過程中，電影票房如大數據所料的速度和規模在增長，但有件事情引起了華誼行銷部門的注意，即通過對社交聲量訊息的分析，華誼發現在社交網站上有一些評論，獲得了極高的點贊、認同和轉發。

　　比如有女生看完這部電影後留言「我的前任也如電影一樣，讓我痛哭流淚」，這些自我經歷代入的訊息，在社交網站上瘋狂傳播，包括有觀眾看完電影后在影院裡哭，被播上了抖音，這一個小視頻被點贊數在千萬級以上，這就形成了巨大的導流入口。華誼行銷部門看到這個「湧現出的爆發因子」，立即採取策略把這些UGC（觀眾產生的內容）變成有組織性行銷宣傳，將各種觀眾看完電影后情緒反映的微視頻放入抖音，從而形成巨大的社交鏈上的共振和瘋傳，一下子把這部電影的票房拉到了19個億。

　　古代兵法中將「一戰而勝」提到了一個極高的境界。所謂爆發，首先必須把業務融入到「天時、地利、人和」中去，但在具體操作時，也可以借助在本章中提到的普遍規律。他山之石，可以攻玉，讀者們也可以嘗試開始設計一下你的業務增長爆發線！

# 06章

## 業務天際線：
## 如何擊穿
## 企業增長的天花板

「在過去的幾年裡，騰訊已經投資了600多家公司，而這些公司的附加值已經超過了騰訊本身的市值。」

——騰訊集團總裁　劉熾平

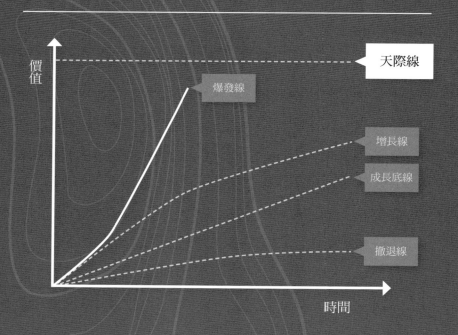

# 天際線：企業增長如何不斷走向極值

前面我們談了撤退線、成長底線、增長線以及爆發線，這一章我們來談天際線。什麼是天際線？就是企業增長的天花板在什麼樣的地方。如果說成長底線能夠讓一家公司或一項業務得以生存甚至是活得好，增長線表現出公司未來可以拓展的潛力方向，爆發線反映出公司或業務可以迅速崛起的模式，那麼天際線就像你在灣區的海邊度假時，一眼望去所見到的那海天相接的地方，海能有多遠，天能有多高，天際線就有多遠多高。企業的天際線也反映出企業估值或者企業價值的上限，一個能不斷突破自身和行業天際線的企業，也就能夠不斷突破企業價值的地心引力。如果說企業的發展階段可以分為從0到1、從1到N、從N到N的指數，那麼天際線就是從N的指數到無窮。

我們先看看騰訊不斷突破增長天際線的嘗試。2016年9月7日，創辦人馬化騰向合作夥伴發出公開信，表明騰訊開放的生態樹已成長為森林。騰訊開始形成自己的「騰訊森林」──包括「閱文集團」、「搜狗集團」、「眾安在線」等一批投資公司先後上市，而在2018年，騰訊音樂和貓眼等公司也準備上市。2018年1月24日，騰訊總裁劉熾平在騰訊投資年會時透露：「在過去的幾年裡，騰訊已經投資了600多家公司，而這些公司的附加值已經超過了騰訊本

身的市值。」

無獨有偶。2018年4月，一篇題為〈騰訊沒有夢想〉的文章在朋友圈中瘋傳。文章稱，騰訊沒有夢想，正在失去其產品能力和企業家精神，並已成為一家投資公司。這篇文章的作者在文中寫道：「這家快20歲的公司正在變得功利和短視，他的強項不再是產品業務，而是投資財技。」作者認為，騰訊在用一種它自認為最科學的經營方式在經營一家科技公司，卻在實戰中忽略了科技企業應有的產品創新精神。我特別想問讀者朋友們，你是如何看待這位作者對騰訊的批判的？騰訊到底有沒有夢想？

企業發展最開始是以產品為載體，形成產品經濟是第一步，產品經濟能成功說明企業切中了市場的需求，所以近些年矽谷流行精益創業和 MVP（最小可量化產品）的思想，把最小可以推出的產品推到市場上，進行測試迭代。產品經濟成功後，將進入第二步即規模經濟的釋放。規模經濟的優勢在於隨著產量的增加，長期平均總成本呈現出下降的特徵。除了規模經濟之外，還有一種稱為範疇經濟的經濟模型。哈佛大學最傑出的企業史教授小艾爾弗雷德・錢德勒（Alfred D. Chandler Jr.）在《規模和範疇》（Scale and Scope: The Dynamics of Industrial Capitalism）一書中的闡述可以總結為：「範疇經濟是公司在生產過程中擴大其業務範圍，並將產品類別多樣化的價值提升到最佳狀態。」但說到底，產品經濟、規模經濟和範疇經

濟，還都是傳統的增長模式。按照錢德勒教授的思路，在今天的數位時代，還有兩種經濟值得注意，一種叫做網絡平臺經濟，另外一種就是生態經濟。騰訊的模式，是在網絡平臺經濟模式下，衍生出的生態模式，這個夢想的格局，絕不是一個產品經理所擁有的格局。

格局是大於工具的。我們看待一家企業時，視野會決定格局。產品經理眼中看到的是產品，財務人員眼中看到的是報表，人力資源眼中看到的是人力資本，而企業家眼中看到的是增長格局和增長模式。如果看問題的人格局根本不同，又有什麼好討論的呢？騰訊今天要做的增長格局，要思考的早已不是單個產品，而是如何形成一組產品孵化出的生態！對此，騰訊總裁劉熾平在微信朋友圈中表示，「騰訊是一個比作者想像更大的組織和生態，每一個部分都在追求自己的理想，發揮自己的力量。把騰訊簡化成一個產品的得失，一種策略的部署，一個人的意志，都是太狹隘了，是忽視了騰訊無數產品團隊的努力和成績。 」

回到2010年，如果沒有一場激動人心的增長模式設計，騰訊絕對不是今天的騰訊。在與「360」發生了「3Q大戰」後，騰訊痛定思痛，在2011年時集合各界專家來做諮詢顧問，以「X光下看騰訊」的方式診斷騰訊未來的發展方向，反思過去十二年騰訊產品經濟的發展模式，將騰訊改造成開放生態模式。

　　2011年6月舉行的第一次騰訊合作夥伴會議是其策略轉型的標誌性節點。在會上，馬化騰提出了互聯網未來的「八個選擇」，並從用戶、合作夥伴和行業的角度解釋了騰訊對開放和分享的堅定態度，宣佈騰訊的第一階段目標是創建一個最成功的開放平臺，並支持所有合作夥伴「再造一個騰訊」。基於這個路線，騰訊從封閉系統走向開放模式，把自己定義為「互聯網行業的水與電」，是互聯網基礎設施的構建者，提出騰訊要「連接一切」。2010年9月，「QQ空間」和「朋友社區」在騰訊的開放社區上線；2010年11月，騰訊微博的開放平臺啟動；2011年5月，發佈了「Q+」計劃，包括QQ（web版和客戶端版）、騰訊朋友、財付通、電子商務、搜搜和QQ彩貝聯盟的騰訊主要平臺產品和數億活躍用戶向第三方合作夥伴開放。這次開放策略，後來被評價為「集騰訊對過去12年商業模式的反思和對未來趨勢思考之大成」。

　　在接下來的幾年裡，騰訊先後開發和開放了許多新業務。例如，「騰訊媒體開放平臺」和「騰訊雲平臺」於2013年開放。2014年，騰訊提出了軟硬體相互結合的開放生態，並將QQ和微信平臺全面向智慧型硬體開放。2015年，騰訊上線了「GAD騰訊遊戲開發者平臺」等。一句話，基於2011年那場增長模式的轉型，騰訊從一個產品型的公司，走向平臺型的公司，並最終構演化出騰訊大生態，也即是騰訊的產業森林。

　　在這樣的大背景下上線的微信則是開放式騰訊最典型的作品。與封閉的QQ商業帝國不同，重看微信的發展思路，我們可以發現它完全是按照馬化騰「打造一個最成功的開放平臺」的方向來走的。作為一款全面開放的產品，微信在2012年推出微信公眾平臺，2013年的添加了微信錢包以及錢包裡面豐富的拓展功能。之後又推出現在的微信小程序，一直以開放平等、共同發展的姿態展現在大眾面前。

　　除了全面且深入的產品開放之外，騰訊的開放還體現在對非領先地位業務的改革重組之上。對於這類非領先業務，騰訊採用換股的方式與垂直領域的巨頭進行合作。例如，2013年9月，騰訊投資搜狗，雙方達成策略合作。2014年3月，騰訊投資京東，與京東建立策略合作關係，並將旗下的電商和物流部門全部併入京東。這些騰訊一直努力想要發展但未發展起來的業務，全部放手交給了合作夥伴，正如馬化騰所說的「交出了半條命」。

　　最後一點是騰訊的廣泛投資。據統計，2017年騰訊平均每月買10家公司，這大手筆讓騰訊的投資地圖遍佈中外，從初創公司到行業巨頭，從當前市場到未來前景，騰訊的投資活躍在各個角落。在初創公司方面，騰訊投資健身應用軟體Keep和「中科慧眼」；社交方面，投資了「知乎」、Same和Snapchat；在汽車交通領域，騰訊投資了「特斯拉」、「蔚來汽車」、「摩拜單車」、「易車商城」和

滴滴出行；在文化娛樂領域，「羅輯思維」、「貓眼電影」和「快手」等也都有它的注資。此外，騰訊還投資了美國AR（擴增實境）公司Meta、美國手機遊戲公司Glu Mobile等。

　　從客戶角度來看，這些舉措其實也從另一個側面反映出騰訊從原本的主攻C端（消費者）市場變為在穩固C端市場的基礎之上，開拓B端市場和合作夥伴。相較有限的C端市場而言，與B端（企業間）市場具備持續交易的基礎，不僅能開拓新的增量市場，更有利於鞏固競爭壁壘和自身的護城河。與合作夥伴共建一個促創新、共生長的新生態將是騰訊未來發展的訴求，而這個新生態，也正如

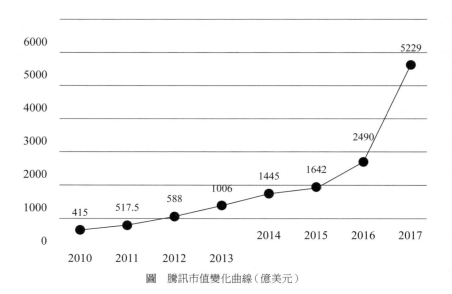

圖　騰訊市值變化曲線（億美元）

馬化騰所言，「會越來越像一座森林，變得更具多樣性、協調性和承載力」。策略決定結果，結果驗證策略，從2010年這個開放平臺的生態策略實施以來，騰訊的市值翻了10倍之多。

除了騰訊，不斷向天際線攀升的另外一家互聯網公司是前面我們提到的亞馬遜。我們看一組數據，2018年9月亞馬遜的市值突破了一萬億美元，成為美股歷史上第二個市值破萬億的公司。過去五年亞馬遜股價上漲了600％，亞馬遜成為自1926年以來美股歷史上漲幅最高的一家公司，漲幅超過50000％。如果我們從今天回顧這家公司的增長策略，它的轉型有三個重要的時段，這三個時段也構成了亞馬遜業務結構的轉換，從底線開始，到增長線，以及不斷向天際線攀升。

第一次業務增長的核心是成為「地球上最大的書店」（1994年至1997年），1994年，貝佐斯將亞馬遜定位為「地球上最大的書店」，因為那時電子商務處於萌芽階段。圖書作為前置體驗性最小，又高度標準化的商品，最容易作為電子商務的試驗品類。亞馬遜從單一品類切入電子商務領域，引入資本的力量，投入鉅額虧損建立市場規模，樹立規模性壁壘。這場戰役的成功，讓亞馬遜從上線到上市只用了不到兩年，還徹底幹掉了同類競爭對手 Barnes & Noble，實現了貝佐斯的策略定位——成為全球最大的書店。

然而，在2000年左右，互聯網行業遭受了寒冷的冬天，大量

的互聯網公司倒閉了。這個時候亞馬遜市值大幅度縮水，此種策略情境下，如何逆勢增長尤其關鍵。因此，貝佐斯對亞馬遜的業務結構進行了第二次調整，並將其策略定位轉變為最大的綜合在線零售商（互聯網第一零售商）。 這個增長策略持續了五年（1997年-2001年），1998年亞馬遜推出現在的logo，Amazon這個詞的下方有個箭頭，正對應西方的一個俗語：A-Z ，即所謂的無所不包。這種增長意圖非常明顯——亞馬遜不僅僅是一家書店，而是會擴展到涵蓋所有商品和所有業務。貝佐斯以增長創新來抗擊寒冬。在圖書這個品類佔領頭部地位後，亞馬遜有了擴大邊界的基礎，貝佐斯開始擴充電子商務的品類結構，從一個垂直電商轉型成為超級規模效益型綜合電商，按照增長的語言，這是一種以客戶資產為核心、進行交叉業務衍生的增長策略。2000年11月，亞馬遜推出了Marketplace服務，開始了與eBay的直接競爭。2003年開始簽約出版商，從而擁有自己版權的電子書，把自己從書店向出版商進行延伸，以擴大利潤區。2005年2月，亞馬遜推出了我們之前在「戎長底線」那一章討論過的Prime會員體系。

　　進行第二次增長策略的調整後，貝佐斯作為總架構師開始設計第三次業務增長模式的調整，他宣佈，亞馬遜的策略定位將逐步從最大的綜合在線零售商（互聯網第一零售商）轉變為「最以客戶為中心的企業」，變成一個巨大的亞馬遜森林生態。

　　補充一句，這裡我們談到亞馬遜不斷調整自己的「策略定位」，其中的關鍵詞是「定位」，這是一個在中國大陸企業家圈中最熱的詞。但是毫不客氣地說，大多數人所討論的「定位」，根本不是同一個東西。從全局往下看，定位有三個層面，第一個是價值鏈定位，也就是企業從價值鏈的上游到下游佔領哪些環節，第二個定位是業務定位，也就是回答「你是一家什麼樣的公司」，亞馬遜的三次調整都是「業務定位」，這個定位直接決定一家企業的增長區間在哪兒；最後一層被稱為「心智定位」，也稱為品牌定位，也才是特勞特所說的定位概念。

　　自2001年以來，除了成為最大的綜合在線零售商，亞馬遜同時把「最以客戶為中心的公司」（the world's most customer- centric company）確立為努力的目標，亞馬遜開始以原有電商的客戶群為基石，以數據、客戶資源為連接基礎來進行擴張。

　　基於這種增長邏輯，亞馬遜於2006年推出對未來影響極大「AWS雲服務業務」。AWS目前客戶超過100萬，業務進入了全球190個國家，在雲存儲領域佔據了全球市場50％的份額。AWS為企業客戶提供計算能力、數據庫存儲、內容交付等功能，這讓亞馬遜成了諸多互聯網公司的基礎設施建造者。2016年上半年，AWS淨營業額為54.52億美元，同期增長60.9％，營收為13.21億美元，資本市場普遍認為AWS將成長為價值1.5萬億美元的業務。如果說亞

馬遜在探索增長的天際線，那麼AWS業務可以稱之為其天際線中的底線。

除此之外，自2007年以來，亞馬遜已向第三方賣家提供外包物流服務（Fulfillment by Amazon, FBA），在電商銷售目錄中增加了28個新品類，包括高增長的鞋店如Endless.com。同樣在2007年，亞馬遜於10月推出了革命性的亞馬遜Kindle。2009年，亞馬遜在全球增加了21個新產品類別，包括在日本的汽車，法國的嬰兒用品以及中國的鞋類和服裝。2010年又推出KDP的前身自助數位出版平臺 Digital Text Platform（DTP）。

在這個過程中，亞馬遜一方面通過拓展業務進行內生性的增長，同時進行外生性的收購擴張。亞馬遜圍繞生鮮、數據應用、音頻下載、生活用品等領域進行收購部署，其中2014年以2000萬美元入股到上海美味七七，佈局中國市場的生鮮業務。2012年3月，亞馬遜收購了自動化機器人公司Kiva Systems，以提高在物流中心的分揀效率，並推出無人機配送計劃來提高「最後一里」的交付效率。與此同時，亞馬遜開始嘗試其開放策略，如收購英國的Bookpages書店，建立音樂商店，以及收購三個數據應用網站（IMDb、Junglee、Planetall）。2014年，亞馬遜推出了擁有智慧型助手Alexa的Amazon Echo的智慧型音箱，並對源頭技術進行開放，一年之內有1000萬開發者註冊加入Alexa語音技術社群，把亞

馬遜的這項技術注入到他們的產品中，通過智慧型音箱，亞馬遜又開始建立語音智能生活的終端入口。這些佈局又反向激發回亞馬遜原有的產品佈局，形成共生生態。

　　亞馬遜的這些增長策略，都是以原有的客戶資產為核心往天際線奔跑，讓業務邊界無處不在，但是又與傳統公司多元化經營不一樣，客戶、數據、生態讓這些業務具備核心的連接邏輯。亞馬遜市值不斷增長，從上市到現在漲幅超過50000％，其核心就在於在垂直平臺取勝後，不斷構建增長期權，並完成亞馬遜森林生態，往天際線行走。如果把亞馬遜這些增長的維度再進行梳理，會發現整個生態系統有三個層面，第一個是內容佈局，視頻、音樂、圖書這些

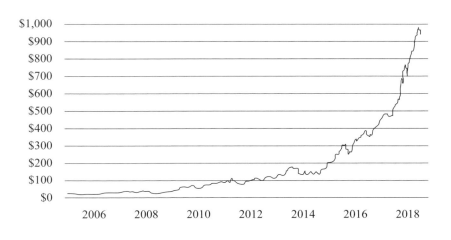

圖　亞馬遜市值增長曲線（10億美元）

領域亞馬遜深度滲透，甚至還以這些娛樂內容為核心投資電影公司；第二個是佈局消費電子，消費電子相當於內容輸出的終端，這些終端包括：kindle閱讀器、kindle fire、平板電腦、fire TV機上盒、智慧型手機 fire、網頁瀏覽器 Silk、fire OS等；第三個是生態系統基礎建設，比如物流設施、AWS雲平臺業務。

## 天際線：如何設計你企業增長的天際線

不是所有的公司都能到達去設計「天際線」的機會，因為能有這個想法的企業本身就是很優秀甚至是卓越的企業，是通過市場競爭檢驗，甚至在某個市場領域做到壟斷規模的企業，只是他們需要不斷突破，不斷地去追求卓越。

那麼，天際線究竟應該如何設計？我這裡提出，CEO要想做到公司業務的天際線，有三種方向：第一，重新想像，以「認知革命」改變你對行業定義；第二，擊破成長天花板與企業的邊界，演化成生態；第三，不斷釋放增長期權。

## 重新想像，以「認知革命」改變你對行業定義

　　先說第一點——重新想像，以「認知革命」改變你對行業定義。西方商業史上最有影響力的諮詢顧問應該算彼得・杜拉克先生，前面我們也提及過他，除了影響到威爾許做出「數一數二」的決策，這個人喜歡用蘇格拉底問問題的方式，問得讓 CEO 醍醐灌頂。有一年我去美國西海岸的杜拉克基金會訪問，在這裡有個展示杜拉克先生的生平、貢獻，保存信件資料和與他著作等身的書籍的博物館，但在博物館的核心區域就只有彼得・杜拉克的一句話，也是他當年問倒無數 CEO 的諮詢問題——「What's your business？（你業務的本質是什麼？）」

　　這真是一個簡單而無比有力量的問題。一個企業要做天際線，首先要想清楚你業務的本質是什麼，因為你的認知決定了你跳躍天際線的姿勢。很多大型的公司現在開始設置策略長 CSO（Cheif strategy officer）這個職位，我經常和一些企業家開玩笑說，這個職位非常之重要，因為策略決定未來，但是如果你要跳躍到天際線，CSO 這三個英文字母可以保留，但是內容要變一變，CSO= Cheif Story-teller Officer，也就是故事長。策略長需要能講增長的故事，要能從認知上去擊破企業的天花板。

　　Uber公司大家都很熟悉，很多人的手機中都裝了這個軟體，

那麼我們可以借用杜拉克的問題問一句：Uber究竟是做什麼生意的？ Uber的業務本質是什麼？是出租車軟體嗎？是運輸服務嗎？要知道，Uber只用了三年時間，市值就突破了600億美元，超過了歷史百年的美國三大汽車企業公司，向天際線跑去。

思考Uber的業務本質與天際線，我們先得回到原點，從頭開始說起。

Uber的故事源於2008年的一個雪夜，有兩個人在巴黎街頭遲遲叫不到車，於是萌生「按一下按鈕叫車」的想法，甚至還打算「購買10輛S級轎車打造豪華汽車租賃公司」。後來，這兩位創始人在2009年創立了Uber，並於2010年開始在舊金山推出移動網絡約車服務。基本模式是，需要出租車服務的人可以隨時隨地用手機呼喚司機，有車的人可以在Uber上註冊，在方便的時間可以接單。智慧型手機的普及、定位系統技術發展、算法匹配讓出行人群需求與閒置車輛資源的交易成為可能，並能以極低的邊際成本提供服務。

2013年Uber的收入僅為2.2億美元。2014年6月，紐約大學商學院金融學教授阿斯沃斯・達摩達蘭（Aswanh Damodaran）認為Uber價值為59億美元，這是基於全球汽車服務市場和Uber市場份額及市場潛力評估出的，而風險資本專家比爾・柯爾利（Bill Gurtey）參與了Uber的早期融資，他在網誌上發表文章反對阿斯沃

斯‧達摩達蘭，給出估值為250億美元。2014年12月，Uber估值為400億美元。

不同的估值，本質上反映出不同的企業定位和不同的市場規模假設。根據全球汽車租賃服務市場和Uber市場份額及市場潛力等關鍵假設而將Uber定義為汽車租賃服務企業，那麼只有當市場達到3000億美元，或者Uber的市場份額超過20％時，Uber才能達到170億的估值。而比爾‧柯爾利的250億美元估值，所基於的企業定位和市場規模假設的方式是完全不一樣。他是基於共享經濟理念，定義Uber為可以不斷延伸和衍生的出行服務商，以這樣方式來預期，那麼整個市場規模就在4500到1.3萬億美元之間。「共享經濟」的提出，就是對Uber估值進行測量的「認知革命」。

基於不同的認知，Uber的增長價值區間完全不一樣。在「共享經濟」這個認知下，Uber不斷釋放出增長期權，從底線往天際線擴張。Uber最初面向高階市場，真正爆發是在2012年6月，隨著UberX業務的推出，Uber開始走平民化路線，從此，降低用戶使用成本成為Uber持續追求；2014年，UBer推出拼車業務Uber Pool，再一次降低使用成本，Uber pool價格比Uber X便宜50％，在舊金山，Uber pool占Uber總訂單數的50％；2012年以來，Uber全球擴張，快速覆蓋58個國家，310個城市，全球司機超過100萬，每天接送100萬人；2014年，Uber正式登陸中國；2015年7月，估值達

500億美元；2013年7月，Uber紐約上線Uber chopper直升機；2014年4月，Uber Rush（同城快遞）上線；於同年8月推出Uber fresh（快遞服務）；2015年，上線Uber Cargo（貨運服務）；此外，Uber還利用商業模式進行了許多短期測試項目，如Uber icecream（配送冰淇淋），UBer tree（聖誕樹）和Uber Movers（搬家）。

　　Uber的發展和演變是企業界限不斷突破、認知不斷重塑的過程。知名科技評論人邁克爾·沃爾費（Michael Wolfe）曾這樣評論：

　　——「如果你把Uber看作成一家在一些城市有分公司的汽車服務公司，那它的規模不算大」；

　　——「如果你認為Uber把握住了幾十個城市的汽車市場的主動權，而且還在不斷擴大，那麼它的規模算是大了一些」；

　　——「如果你認為Uber提供了私人運輸服務，比如接送你的孩子上下學，接你上班，去機場接送你的父母，那它的規模會越來越大」；

　　——「如果你覺得Uber可以替代你自己的車，那它的意義更大了」；

　　——「如果你會使用Uber的無人駕駛車系列，這個團隊會進一步發展」；

　　——「如果你覺得Uber是一台巨大的電腦，指揮著幾百萬人或

物品在全球流動，那你面對的就是世界上最大規模的企業之一」。

對公司業務本質不同的定義，造成了公司不同的價值，好的增長邏輯所勾勒出來的業務定義可以讓企業的價值擊破天際線。就像「美團」四處出擊，看不到邊界的時候，該公司的王興重新定義了美團業務新的本質——美團的未來是Amazon for service，王興把美團的增長錨放到了亞馬遜和淘寶上，他說：「亞馬遜和淘寶，是實物電商平臺（e-commerce platforms for physical goods），而美團的未來是服務電商平臺（an e-commerce platform for services）。」

## 擊破成長天花板與企業的邊界，演化成生態

如果說改變你對業務本質定位的認知是基礎，那麼越過天際線的第二條策略就是「擊破成長天花板與企業的邊界，演化成生態」。

這句話裡其實說到了三個核心詞語，天花板、邊界、生態。我們先看第一個詞——「天花板」。什麼是「天花板」？天花板是指企業或行業的產品（或服務）趨於飽和的狀態，也可以說是業務發展的極限。當然，企業的天花板和行業的天花板不一樣，行業的天花

板主要指的是行業的規模和前景，具體來講，就是要問你是處在什麼行業，你這個行業發展的極致在哪兒，是不是一個「水大魚大」的池子。前文我們討論Uber融資案例時就發現，在不同的假設下，增長的池子有百萬倍的差距。而企業的天花板，除了行業規模這個要素之外，還受到企業能力和邊界的影響，也就是說賽道夠長、池子夠大，但你有沒有能力爬上去？你能不能擺脫企業邊界的限制？行業天花板可以通過選擇賽道和「改變認知」來解決，而企業邊界是什麼？又如何去打破？這成了企業家突破天際線的核心問題。

　　什麼是企業邊界？企業邊界是指企業基於核心競爭力，在與市場互動過程中形成的業務範圍和業務規模，其中經營效率是關鍵因素。哈佛大學教授小艾爾弗雷德・錢德勒發現，當企業規模邊界的擴張無法產生效率時，公司應該停止擴張活動，規模邊界也因此確定。諾貝爾經濟學獎得主羅納德・科斯（Ronald Coase）則從交易成本的角度研究組織邊界問題，他認為市場和企業組織執行相同的功能，它們是兩種可以相互替代的機制，而無論是使用市場機制還是使用組織機制，都有成本。市場機制被替代是由於存在市場交易的成本，而企業的邊界不可能無限擴張，因為企業組織也有成本。因此，科斯認為公司的界限是由交易成本決定的。他認為，企業的最佳邊界存在於市場交易成本與企業組織營運成本之間的平衡點。

　　但在新的數位經濟下企業邊界在不斷被擊破，為什麼？回到錢德勒和科斯的邏輯上，傳統的企業受制於經營範圍和規模，擴大到一定階段就會損失效率，但是我們看今天亞馬遜的攻城略地、騰訊的產業森林、阿里的全生態系統，都在不斷把規模進行無邊界的擴充，這本質上是由於經營要素從傳統的土地、資本、勞動這些有形的資源走向無形資源，比如流量、客戶資產、大數據。這些資源的使用是越用越有價值，而非效能遞減，資源可以共享、無限使用。另外，由於互聯網的連接，訊息走向對稱，使得企業的組織成本和協調成本在「連接」下急速降低，這讓企業有機會跨越轉折點——從規模經濟到規模不經濟的那個點，即企業的邊界點。所以現在我們可以看到，那些不斷攀越天際線的公司，都在構建生態，而生態的本質是什麼？本質就是把你的核心能力，用槓桿的方式與外部資源方進行交易，使得原有的業務領域擴展到無窮多的邊界，使企業的業務從 N 走向無窮大。換一句通俗的話講，企業要從價值點上的企業、價值鏈上的企業，走向價值網上的企業。所謂價值網，就是指生態，生態策略是構建企業發展天際線最重要的策略。

　　第一個提出生態策略概念的是美國學者詹姆斯・摩爾（James F. Moore），他在 1996 年出版的《競爭的衰亡》一書中引鑒了生物系統的概念，創造性地提出「商業生態系統」的新概念來描述當下市場中的企業活動。商業生態系統是一種全新的企業組織和資源交換

方式，原有的企業組織模式是科層制，後來又向平臺轉型，但生態系統模型可以充分反映企業間資源的協調和聚合。如果說殺手級應用的公司價值十億量級，平臺型的公司價值百億量級，那麼生態型的公司價值就是千億量級。

　　騰訊的產業森林本質就是生態策略的一種表達。產業森林打破了傳統的行業邊界，通過跨界融合，把不同的行業連接為一個整體，相互協作，資源共享。馬化騰說：「對於騰訊來講，我們過去是做生意，現在是做生態，這是自身成長自然的使命轉變。如果我們過去的夢想是希望建立一個一站式的在線生活平臺，那麼今天，我想把這個夢想往前推進一步，那就是打造一個沒有疆界、開放共享的互聯網新生態。」跨越高速增長期後，傳統企業往往觸及能力界限，業務範圍和經營規模達到瓶頸，無法保持快速增長的趨勢，但一旦邊界被打破，就會冒出一條迅猛增長的新路徑。開放平臺也打破了創業家能力的界限。平臺會為用戶提供基本服務，然後通過開放接口，以便第三方開發人員可以通過使用和組裝平臺接口的資源來創建新的應用程序，並且該應用能統一在平臺上營運。封閉系統總是有邊界，開放系統可以迅速打破高速增長的藩籬。

　　如果說傳統時代的策略是以麥可‧波特提出的競爭策略為核心，那麼在數位化時代要攀越企業的天際線，競爭策略要過渡到生態策略，這也是波特近五年反覆提到企業要創造「共享價值」的原

因。在2018年哈佛商學院的高級經理人論壇上，波特甚至直接提出：「未來的超級價值公司，是以價值觀為紐帶，以市場增益價值貫穿所形成的生態系統。」

## 一張圖說透生態型策略

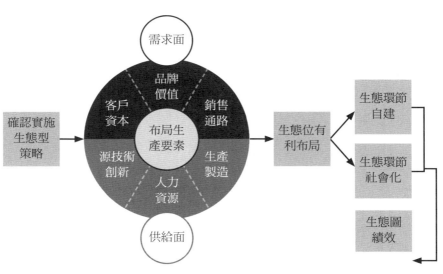

圖　生態型策略

　　然而生態策略在當前中國又是一個相當曖昧的詞語。樂視今天落得如此境地，「生態化反」難辭其咎，但我們不能說樂視的失敗就是「生態型策略」的失敗。2016 年 8 月，中國著名的商學教授陳春花到「樂視」公司研究，留下一句耐人尋味的話：「生態型策略完全可以是一個描述性或者前瞻性的策略，但要實現這個策略，必須有切實的解決方案。」暗指樂視缺乏「切實的解決方案」。反觀同樣執行生態型策略的騰訊和小米，其結果與樂視截然不同。小米形成了獨有的「生態鏈策略模式」──從培訓、投資，到管理、賦能，使其估值呈指數增長。因此，我們應如理查德・魯梅爾特一樣追問：什麼才是真的生態型策略，什麼是偽的生態型策略？什麼才是好的生態策略，什麼是壞的生態策略？我試圖拋出上頁這張策略佈局圖。

　　關於什麼是生態型策略，我的第一個觀點是：所有生態型企業都是通過共享六種核心資源而建立的，我將稱之為六大生態要素。我們按照供給面和需求面，將六大生態要素分為了兩類：需求面三大要素，包括對客戶資產、品牌價值、通路通路的生態化共享；供給面三大要素，包括對源技術創新、人力資源、生產製造等核心資源的共享。

　　「客戶強連接」所形成的客戶資產是生態第一要素，例如騰訊的所有子生態企業，幾乎都是依靠 QQ 及微信的用戶流量及用戶數

據；而阿里生態則始於擁有4億多用戶的淘寶網，圍繞淘寶逐漸建立生態。騰訊和阿里這兩家企業與用戶連接性強，用戶轉移成本高，使得它們最終形成強勢生態；而樂視與用戶強連接性弱，獨家內容一斷，消費者就轉移到其他平臺。

　　需求面的第二個要素是品牌價值。從小米生態鏈企業華米的表現可看出品牌價值共享的作用。華米是小米手環的出品公司，其於2015年9月推出了自有品牌Amazfit。但時至今日，仍有80％以上營收來自使用「小米」品牌的產品。這展示了共享品牌價值的威力。我在海爾做調研時，發現海爾旗下的小微和創客之所以融入到海爾周圍，除了金融、供應鏈之外，很重要一個原因也是海爾品牌給市場建立了信任，所以張瑞敏在內部一直提及如何打造生態型品牌。

　　需求面的第三個要素是通路。樂視、海爾、小米等主要產品是消費品的企業，都與符合要求的子生態共享了通路通路；而騰訊、阿里等主要產品是互聯網軟體的企業，也在重要環節與子生態共享了通路通路，如騰訊遊戲的極光計劃、UC瀏覽器的海外分發通路。

　　如果說需求面生態要素決定了子生態企業能否生存得好，那麼供給面要素，則決定了企業自己的能力是否可以被槓桿化。

　　第一個供給面要素是「源技術」。源技術創新往往研發門檻高、週期長、成本大，但又是子生態企業所必須的，依靠自身能力

往往無法落實，這時就需要生態企業共享源技術。例如，2015年雙十一，獨立海外電商平臺「嗨淘」完成了21.7萬個訂單，這樣的高併發量，中小企業的系統往往無法支撐，但借助阿里巴巴雲計算技術的幫助，未發生一筆漏單或錯單。

同樣的，生態中有沒有合格的團隊很重要，這就涉及生態的人力資源佈局。如雷軍所說：「避免小米成為一家大公司。如果我們自己搞77個部門去生產不同的產品，會累死人，效率也會低下。我們把創業者變成老闆，小米是一支艦隊。」這也是騰訊做「青藤大學」、小米做「穀倉學院」的原因，即是要幫助遴選出的團隊梳理策略、組織、提供諮詢服務並在此基礎上投資，確保這些人力資源服務於自己的生態策略。

生產製造／產品實現是第三個供給面要素，這一生態要素環節能幫助子生態企業降低試錯成本和產品實現門檻，更重要的是能夠幫助企業建立成本優勢，形成競爭壁壘。如華米出品的小米手環上市前，中國國內市場智慧手環價格在500至800元人民幣，進口的在800至1200元人民幣，但華米借助小米供應鏈優勢，竟把零售價格控制在了100元以內。巨大的成本優勢帶來的是巨大的競爭優勢，第一年小米手環就賣了1200萬隻。

六大生態要素好比化學基本元素，不同的組合可能得到完全不一樣的生態圖譜，這種不同的組合方式，我將之稱為生態要素佈

局。在這裡我提出關於生態型策略的第二個觀點：好的生態型策略來源於有利的生態要素佈局。我們總結出了關於生態要素佈局兩條規律：第一，優先佈局需求面要素。多數情況下，需求面佈局的生態企業發展規模，要大於供給面的佈局企業。這就是互聯網公司或者數位型公司談到的「以用戶為核心」的增長邏輯。第二，從需求面的三要素佈局講，客戶資產＞通路通路＞品牌價值。這也是BAT市值按照TAB來排列的原因。騰訊是強連接的客戶資產，阿里的核心在商業通路。當然，這也是百度與前兩者價值差距的原因。

如果說六大生態要素及其佈局規律回答了「什麼是生態型策略」和「什麼是好的生態型策略」的問題，那麼生態型策略演化六步則回答了「如何一步步將生態型策略落實」。這六步遵循生態要素的佈局規律，依次是：與客戶連接、圍繞客戶擴張、策略咽喉佈局、建立共享系統、槓桿交易和降維定位。

第一步是與客戶連接。與客戶連接要求企業充分使用互聯網技術並建立自身的數據中心，這也是張瑞敏宣稱「海爾的目標就是成為互聯網公司」的原因所在。例如騰訊通過QQ和微信獲得的逾10億社交用戶，使得騰訊能圍繞這兩款核心產品建立用戶數據體系，也能夠通過兩款產品內的訊息通道觸達用戶；而小米創業初期則是通過小米商城及小米OS，積累了1.8億至2億活躍用戶，他們大多數是17到35歲的「理工男」，有一致的價值觀。

　　第二步為圍繞連接客戶進行產品擴張。企業在利用核心產品與客戶建立連接後，企業自身應圍繞客戶組織產品以實現初步擴張。例如，阿里巴巴在推出淘寶網大獲成功後，圍繞中小賣家發展出瞭解決貨源問題的1688.com網站平臺，解決交易信用問題的支付寶，解決物流問題的菜鳥網絡等，這些子生態企業均由阿里巴巴內部孵化而來。再看小米，從手機開始，到手機周邊，到智慧型硬體，而後是生活耗材，其中手機以外的產品都是由外部子生態企業孵化而來。圍繞客戶擴張是整個生態的演進原則，而在生態早期這一步往往是由企業內部孵化實現的。

　　第三步是在策略咽喉佈局。前面我們談到生態型企業策略的構成六大要素。這六大要素中，企業到底是佈局供給面，還是佈局需求面，或者是佈局這六大要素中哪個環節，都會出現不一樣的結果。然而六大要素中，能夠形成策略咽喉的，是客戶資產、源技術和通路通路。

　　建立共享系統是第四個步驟。共享系統是生態型企業的根系所在，企業需要一套清晰的規則來對六大核心要素的資源共享進行有效管理。馬化騰曾說，「我有一個願望——哪怕只有一兩個人的小公司，只要有好的創意，我們就可以幫助它把注意力集中在產品開發上，其他問題不用考慮太多」，這表明了共享系統的效用。

　　第五步是槓桿交易。企業以共享核心資源作為支點，換取子生

態企業股權的過程即是槓桿交易——所謂槓桿，是指以小資源撬動大價值。華米80％的營收來自於小米品牌的產品，但小米對其投資占股不到20％，這樣的做法既保證了子生態企業的獨立性、使他們能夠獨立組織資源——如獨立上市，也為小米節省了現金，因為華米對小米的依賴性大，即使不控股，小米也能夠保持較大的影響力。

　　第六步是降維定位。生態企業與其他企業一樣，都需要明確的價值定位，以幫助消費者形成有效認知，形成積極聯想。降維定位，是生態策略實施成功的保證。例如，定位為「移動互聯網企業」的小米，打造的生態鏈定位則為「智慧型硬體」，使得小米能向生態鏈企業輸送客戶和技術標準；而以視頻內容起家的樂視網，在擴張業務時，進入了網約車、造車等同維度領域，既使樂視生態無法被市場有效認知，也使得樂視自身資源無法滿足生態企業需求，不得不另行籌措，負重前行。

　　經過對生態型策略判斷標準與執行步驟的剖析，我們能發現，自稱「生態型企業」眾多，真實情況卻千差萬別。結合實例，我們可以再問一次：哪些才是真的生態型策略，哪些是偽的生態型策略？哪些才是好的生態型策略，哪些是壞的生態型策略？騰訊以持客戶強連接資產而執牛耳，生態已孵化的市值超過了騰訊，其生態策略疆域若要再突破，核心在供給面的源技術佈局。而阿里從以通

路通路為核心，構建大數據的基礎設施，並有效構建商業生態，其生態策略疆域若要突破，核心在於需求面的客戶資產，即如何讓自己的客戶強連接能力逼近騰訊，就是核心關鍵。再看百度，需求面三項中至少兩項低於騰訊、阿里，因此百度把策略重心調整到源技術，全押寶在人工智能。在供給面創新能否成功，直接決定了百度生態策略的基礎和未來的生態邊界。

## 不斷釋放增長期權

圖　2017年前10月小米銷售規模破千億

　　想擊破企業增長天花板，邁向天際線的第三個策略就是不斷釋放增長期權。什麼叫做增長期權？企業價值除了對確定性價值進行現金流折現之外，另一部分則是未來增長機會的折現價值，這就是增長期權。這是騰訊、亞馬遜不斷在原有的客戶資產的基礎上，進入新行業的原因。

　　我們以小米為例。小米以互聯網手機起家，在蘋果手機風頭正盛和安卓手機市場被合約機掌控的情況下，以價格低廉、性價比高的特性，迅速擄獲了一大批手機發燒友的心，這批「鐵杆粉絲」讓小米在安卓手機市場中風頭無兩。2013年，小米手機銷售量達1870萬部，銷售額達到316億元。

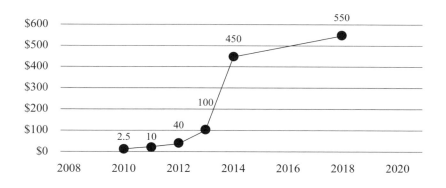

圖　小米估值及市值（億美元）

　　但小米的目光並沒有局限在低價賣手機上，而是看得更長遠，著眼於佈局小米生態鏈這一新的版圖。即借助生態鏈的方式，將小米的模式擴展到不同的行業，在不同行業都打造性價比高的爆款，建立一整個圍繞手機業務而生的小米生態系統。因此，在2013年，洞察到物聯網風口的小米從打造爆款手機周邊（移動電源）切入，打造智慧型硬體生態鏈。2013年9月，發佈了小米電視；2014年5月，發佈小米平板；2015年，發佈運動相機、九號平衡車、空氣淨化器，還上線了小米金融APP；2016年3月，發佈了米家平臺；2016年7月，發佈了紅米Pro、小米筆記本；在2017年2月，發佈旗下手機芯片松果澎湃S1和搭載此芯片的小米5C手機……我

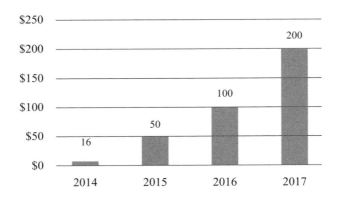

圖　小米生態鏈公司銷售額（人民幣億元）

們可以看到，小米的生態鏈領域由手機到手機周邊及相關電子產品逐步擴散到與智慧型家居、智慧生活相關的智慧型硬體，如電鍋、空氣淨化器等，甚至擴展到如寢具用品、文具箱具等生活用品領域。小米生態鏈已經佈局小米手機周邊產品、智慧型硬體、生活家居三大圈層。如今的小米已經不僅是一家互聯網手機公司或智慧型硬體公司，而是發展成了以「硬體、新零售和互聯網服務」這「鐵人三項」為核心的生態帝國。

到如今，在硬體上，小米的智能家居生態鏈已基本形成規模，手機、電視、路由器等已佔據穩定市場份額；互聯網服務方面，涵蓋了MIUI、互娛、雲服務、金融及影業等業務，2017年該方面創造的毛利已達59.6億元人民幣，年複合增長率達到69.3％；而新零售生態系統，則由線上的小米商城和小米有品、線下的小米之家三者共同搭建而成，小米之家未來5年的營業額預計能達到700億人民幣左右。

小米在選擇合適的企業來合作打造產品時，也會根據產品售賣情況投資優秀的合作夥伴，把其培育和孵化成自身的生態鏈企業。這種投資不僅能夠賺取收益，也能將小米的企業管理和產品方法論、企業價值觀等進行輸出，同時解決供應鏈的問題。據其招股說明書，截至2008年3月31日，小米已經投資和管理、建立了超過210家公司，包括生態系統中的90多家硬體公司，其中有16家年銷

售過億，至少4家估值超過10億美元。

　　另外一個通過不斷釋放增長期權來擊破天花板、不斷高速增長的企業是「美團點評」，我們來看王興是如何用未來賦能現在的。美團點評於2018年9月20日正式在香港IPO，發行價69港幣，對應市值達524億美元，超過小米和京東，正式躋身於中國互聯網四大巨頭，僅次於BAT。

　　最早第三方消費者評論網站「大眾點評」於2003年成立，2010年團購網站美團網成立。2015 年10月，美團網與大眾點評合併成立為美團點評，涉及團購、外賣、酒店預定、旅行票務、電影、網約車、共享單車等吃喝玩樂遊綜合生活服務場景。截至2017年年底，公司實現GMV達3570億元，平臺上擁有超過550萬的商家，活躍用戶逾3.1 億。

　　美團點評戰線拉得很長，在它涉及的每個領域中都有強大的競爭對手，因此很多專家並不看好美團，但是我們看到一個現實的情境是——每個領域的競爭對手目前都沒有一家超過美團點評的市值，這裡面有一個重要原因，是美團點評在不斷釋放出新的增長期權。

　　美團點評發展的第一個階段，是成長底線的構築階段。2010年成立之時，團購行業的競爭環境極為惡劣，當時團購平臺不下千

餘家，服務模式高度雷同。王興的美團從幾個角度入手破局：第一，練好紮實的基本功，培養具有強大推廣能力的團隊，降低獲客成本；第二，尋求外部支持，尋求諮詢公司幫助搭建具體城市擴張計劃，建立可靠的成本管控措施；第三，在大部分平臺著眼於一線城市市場時，率先下沉二三線市場，成為「一線看大眾點評，二三四線看美團」的雙巨頭之一；第四，提升服務質量和水平，增加客戶粘性。面對千餘家團購網站的慘烈廝殺，最終美團生存了下來，市場份額一度達到80％，為未來的發展邁出了最堅實的一步。

到了2015年，在那波資本推動下的行業合併浪潮之下，在滴滴和快的合併之後，美團選擇與大眾點評強強聯合，結束了數年雙方你來我往的殘酷市場博弈。從此之後，在團購市場上美團點評已經是市占率第一的龍頭老大，公司也可以開始投入全部精力思考下一步的增長策略路徑。

美團點評擁有超過1億用戶，平均每位用戶每年使用超過8到10次。如何將具有高粘性的客戶資源最大化利用，構築企業的高速增長曲線，是王興面臨的下一個重要課題。王興的構想是，美團點評應是「Food+技術平臺」，Food是業務基礎，技術是手段，基於互聯網與消費者生活的連接是增長邏輯。因此，不斷探索美團點評的增長期權是其增長的核心策略。美團點評以消費者生活場景為延伸基礎，在消費端橫向擴張：2014年切入外賣、2015切入餐旅和

出行票務預訂、2017年切入網約車、2018年切入生鮮O2O和共享單車等領域，涵蓋商店、家庭、旅遊和零售四大場景，形成完整的商業閉環；向上則整合產業鏈：賦能餐飲企業，提供基於雲端的ERP、聚合支付等專業服務，搭建食品供應鏈，進一步提升策略護城河的深度。

今日資本的徐新在投資美團點評前，在中國的三四線城市做了幾個月的調研，判斷美團點評在用戶心中是一個「吃喝玩樂的超級平臺」，對於美團點評被外部「看不到的邊界」，徐新表示：「做傳統行業一定要很專注，但是做互聯網其實要做八爪魚，爪伸得到處都是，你看專注的都不靈。要把邊際打開，每個用戶價值體現在多業務上，只要你管理得好，選對賽道，這些網絡效應就會持續擴大。」

為消費者提供各種生活服務，同時為客戶提供流量導入、經營支持等服務，這讓美團點評最終定位於「生活服務電子商務平臺」的策略方向，這也是美團試圖跨越天際線的策略，美團點評通過不斷對未來增長機會的提前佈局形成的超級生態圈，正在逐步奠定其在生活服務領域的霸主地位。

同樣不斷釋放增長期權的還有今日頭條。在六年的時間裡，今日頭條產品佈局已從早期的圖文資訊，擴展至短視頻、知識問答、微博客等領域，累計使用用戶數已經超過7億，在國內綜合資訊平

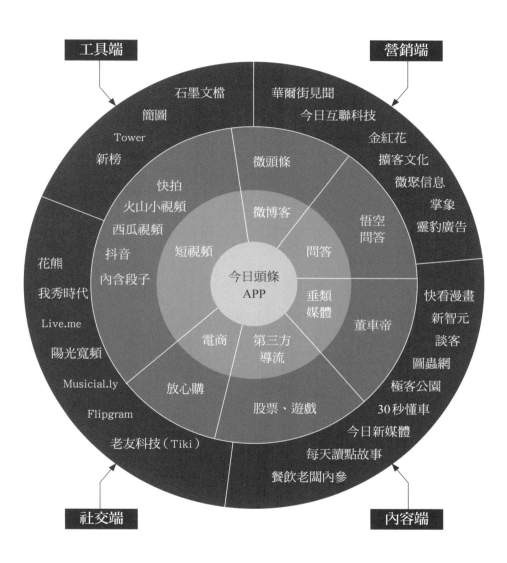

注：內圈為今日頭條自有業務，外圈為今日頭條投資佈局業務

圖　今日頭條業務佈局一覽圖

臺中排第一。其中，用戶的月活躍數高達2.63億，月均使用時間超過20個小時，用戶活躍度僅次於微信。通過建立起來的完備的產品矩陣，今日頭條逐步打造了一個龐大的「內容帝國」。今日頭條發展的速度之快，對中國國內互聯網市場帶來的影響之大，遠遠超乎行業的想像。今日頭條的業務能夠快速增長，其秉承的發展策略是「佔據更多用戶的更多時間」、「與用戶的時間做朋友」。在自身業務的拓展、財務投資的推行以及向海外市場的進軍，都圍繞這一核心增長策略而進行的。

與底線、增長線以及爆發線的設計不一樣，想要去跨越天際線的公司和企業家必須有情懷和夢想，如果說策略是「做正確的事（do right things）」，管理是「正確地做事（do things right）」，那麼企業家精神就是「做不可能的事（do impossible things）」。想要跨越天際線的，必須要回歸到企業家精神，敢於做「不可能的事」，這才是跨越天際線背後的正確姿勢。

# 07章

增長五線：
五根線之間如何切換

「如何在穩健與激進中穿梭，是考量CEO掌控企業增長機器是否熟練的最重要指標。」

——前GE集團CEO傑克・威爾許

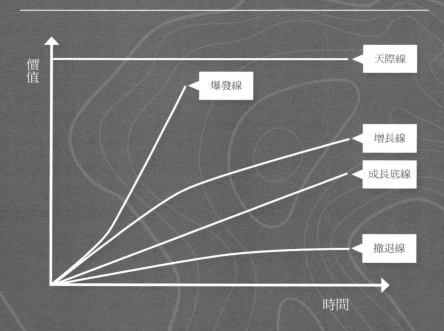

# 增長節奏：增長五線之間如何切換

前面的章節中我們談論了關於企業增長的五根線──撤退線、成長底線、增長線、爆發線以及天際線。在最後一章，我們來討論企業增長策略在這五根線之間的切換。傑克‧威爾許在接管 GE 的第二十年，非常感慨這家巨型多元化公司經歷了發展的低谷與高峰，他說：「如何在穩健與激進中穿梭，是考量 CEO 掌控企業增長機器是否熟練的最重要指標。」

關於增長五線的轉換，首先我們提出一條原則，那就是這五根線之間可能是交叉，但是也有一定的演進關係，所以同時思考多根線的佈局尤為重要，只有在這種假設下，制訂出來的市場策略才能是動態變化。比如撤退線和成長底線，都屬企業早期發展重點需要考慮的事，這兩條線的佈局就可能有交叉，在企業佈局成長底線的時候，也可以在另一方面想想最佳出售或者退出的價值區間，這並不矛盾。

我們看「滴滴」是如何動態切換這五根線的。滴滴的第一個增長週期是發展探索期，這個時期的核心是驗證需求，需求一旦成功，撤退線和底線就應該進行交叉性設計。從 2012 年 6 月滴滴團隊開始創業到 2014 年 1 月的這段時間，可總結為滴滴發展的探索期。在這期間，滴滴針對出行市場中下雨天、高峰期、半夜等特殊時段

內出租車供不應求的痛點，開發了在線叫車平臺APP。

需求驗證一旦成功，就要不斷探索底線如何建立，底線中很重要一個策略就是建立持續交易的基礎，所以滴滴的市場啟動策略選擇從已有的出租車公司入手，簽約出租車公司，為出租車司機安裝客戶端，從B端拓展司機的數量。從B端入手的好處是可控性、可管理性，投入回報比可以預測，即通過出租車公司為通路，直接從「魚池」中抓出潛在通路，補貼出租車司機，這樣用戶數量的增長容易分解，也容易和資本去談需要投入的彈藥。為了留住這批司機，滴滴為他們提供了一周5元的流量補助，以保住業務底線。而APP的優化升級也提升了司機端的體驗，增強了司機與平臺之間的粘性。2013年，滴滴獲得了騰訊1500萬美元的投資，並借此於2014年進入快速增長時期。

形成底線的一個核心就是競爭應對與壁壘形成。這個時候如何面臨競爭尤其關鍵，它決定了底線是否鞏固。滴滴主要競爭對手「快的」的總部在杭州，幾乎和滴滴同期創立，是長三角地區當時最大的出租車公司。2013年上半年，上海市場異軍突起了除滴滴和快的之外的第三家公司——「大黃蜂」，這家公司採取的聚焦策略，以一百人的團隊，專攻上海一個城市，而當時滴滴以一百多人的隊伍，同時進軍五到六個核心城市。大黃蜂單點突破的方式，收效很大。大黃蜂的戰法是典型的不對稱競爭的手法。大黃蜂的策略

假設是，一旦把上海拿下徹底佔據領先優勢後，就通過融資再向其他城市擴，這在行銷中也叫做ARS（Area Roller Sales，區域市場滾動策略）。在這個情境下，滴滴採取了稱之為「魔術布策略」，即大黃蜂打哪裡滴滴就把兵力佈局在哪裡，大黃蜂不進攻的地方滴滴就先不用重兵。同時為了鞏固底線市場，滴滴還單獨拿出了剿滅大黃蜂的預算——在上海市場加碼300萬美元專門來剿滅大黃蜂。重新把力量集結到上海後，滴滴在上海市場逐漸追平了大黃蜂，這時候滴滴、快的、大黃蜂三家公司的市場佔有率相差不大。

兵法中講「圍三闕一」，剿滅對手，不如給對手設置一個「撤退線」，這樣可以減少彈藥耗費。在滴滴、快的以及大黃蜂三家混戰時，滴滴聽聞大黃蜂在找百度融資，而當時快的已拿到阿里投資，出租車軟體市場即將變成BAT各投一家的戰地，這個時候滴滴背後的投資人開始主動接觸百度，公司創辦人程維的命令非常明確：要在一個月內把大黃蜂在上海的數據砸下去，讓百度放棄投資。最終，在2013年下半年，快的併購了大黃蜂，競爭從三國演義到兩強爭霸。2015年2月14日，出租車軟體市場最大變局發生，滴滴出租車與快的出租車聯合發佈聲明，宣佈兩家實現策略合併，滴滴幫助對手撤退的同時實現了自己底線的徹底鞏固。

在這個過程中，底線又和爆發線進行交叉。由於網約車屬新型互聯網服務，所以產品有一個導入期，而根據大爆炸創新理論，社

交媒體、數位化連接的出現可以讓消費者更快地認識到新產品。所以，產品的市場擴張可以變成一個非常陡峭的曲線，在這個情境下，滴滴和快的都用巨額的資本補貼把市場燒到處於爆炸線。滴滴與快的之戰中，雙方合計發放了20多億元的市場補貼，共同培育了巨大的市場，半年內，滴滴的用戶數翻了近五倍。據統計，兩家公司合併後的市場份額高達90％。2014年初，滴滴正式接入微信，微信為滴滴提供社交媒體傳播的平臺和移動支付的手段，促使滴滴迅速擴大市場規模，利用微信的平臺資源，滴滴得以接入海量用戶。滴滴在微信平臺上形成了規模壁壘，快的被擋在壁壘之外。因此，與微信的合作成為滴滴相對於快的最大的優勢，滴滴的成長底線徹底構建完成。

鞏固城池與爆發並行後，2014年8月開始，滴滴開始佈局增長線，不斷探索新的增長區間。2015年3月至2016年9月，是滴滴業務的橫向拓展期。在上一個用戶數量爆發階段中，滴滴走出了業務細分領域的第一步：開發專車業務。而在這一階段，滴滴將深化業務細分領域，整合出行資源，以期覆蓋所有出行場景，開發更多特色出行業務，致力於打造「一站式移動出行平臺」。這個階段的目標用戶群體為所有具有乘坐非公共交通出行需求的人群。

滴滴在增長線上不斷出擊，轉向業務多元化發展，試圖把增長線再往上推。2015年，滴滴相繼推出「順風車、代駕、快車、大巴」

等業務。2015年6月，C2C拼車平臺滴滴順風車正式上線，隨後推出跨城順風車服務；7月，巴士業務在北京、深圳上線營運；同時，社交代駕、旅遊代駕、商務代駕等代駕業務也隨之上線。隨著的多元業務佈局逐步鋪開，滴滴出租車商業帝國的野心出具雛形。2015年9月，滴滴進行全面品牌升級，並更名為「滴滴出行」。

　　滴滴需要不斷衍生的業務去攀越天際線，因此不斷以核心客戶資產與數據為基礎釋放增長期權。滴滴一方面著手開發出行以外的業務，如金融、外賣、汽車服務等；同時增加了更多重資產的業務，如共享青桔單車。另一方面，加強與其他旅遊和出行相關企業的合作，拓展業務範圍。2016年10月，滴滴宣佈與「貓途鷹」（Trip Advisor）合作，雙方把交通出行、酒店住宿、景點攻略等一系列需求供應結合起來，打造旅行和用車的完整旅遊生態鏈，方便用戶搜索、計劃及管理旅程，實現輕鬆出行。11月，滴滴相繼與安飛士巴吉集團（Avis Budget Group）、大眾集團達成策略合作協議和建立策略合作框架。2017年8月，滴滴相繼宣佈與歐非地區的共享出行領先者Taxify、東北非地區最大的移動出行網絡平臺Careem達成策略合作。這些策略合作，推動了滴滴走向世界，鋪開國際業務格局，實現新的增長。

　　從滴滴在增長五線上的行為來看，我們可以看到，第一，不是所有的企業都去設置撤退線，但是這應該是激烈的市場競爭中應該

思考的問題;第二,增長五線不只是對自己業務增長的思考模式,也可以用增長五線來判斷競爭對手的增長情境,如果說大黃蜂沒有被快的併購,滴滴和快的沒有合併,今天的出行市場格局可能會重寫,好的操盤者要意識到競爭對手在哪根線上,這樣可以依據博弈設置自己的策略;第三,增長五線猶如一部琴譜,之間的切換非常關鍵,並非一定是設置好了底線後,才去做增長線、爆發線,在資本的推動下,這些線可以是一個短時間段內高強度地一起凸顯出來,但是這種進攻的前提必須是子彈充足,否則會出現業務銜接不順暢和資金鏈斷裂的問題;第四,底線、增長線和爆發線完成後,才有可能沖天際線,沖天際線的核心是把自己的資源作為槓桿,孵化出裂變性的業務。

　　大資本助推下有時會讓增長五線壓縮到一個拐點同時展開。如果在風口上,兩家公司處於寡頭競爭狀態,在焦灼不下的態勢下,還有一種考慮的模式是先合併,再去融資做爆發線,這種「先退後進」的策略幫助滴滴/快的、優酷/土豆都獲得了資本加倍的跟進。但是對於大多數企業來講,這種切換還是具備次序性的。如果沒有底線作為基礎,增長線的設計可能變成了空中樓閣,因為底線是企業可以隨時退回的戰場,而如果底線不牢固,那增長線即使設計得再好,也沒有基石來做支撐。以GE為例,在威爾許的「數一數二」策略實施成功後,GE精簡到僅剩服務業、高技術和核心業

務三大圈層業務，而正是這三大核心圈層產業為GE再進行業務擴張提供了堅實基礎和廣闊空間，支撐GE大舉進軍醫療、金融等高利潤、高增長的全球性行業，獲得持久的精簡式增長和發展。兵法中提到「風林火山」──「其疾如風，其徐如林，侵略如火，不動如山」，恰如企業在底線、增長線和爆發線上不斷切換的節奏律動。

如果我們把增長五線並列放在一起，我們也會發現不同的佈局下，可能會形成不同的增長態勢，我們抽離出六種典型的增長態勢，它們是：囚徒困局者、本末倒置者、增長乏力者、好高騖遠者、多元困境者、卓越領袖者。（參見下頁圖）

第一種叫做囚徒困局者，這種公司的表現是在增長五線上都無所作為，現有業務進入增長黑洞，也沒有作為與其他公司合併的撤退價值，在成長底線上，形成不了自己持續交易的基礎，增長沒有方向。

第二種叫做本末倒置者，他們典型的特質是過量開發新業務，CEO只要看到增長線就去捕捉，甚至制訂無法企及的策略目標，把策略遠景和策略目標等同，好大喜功，但是忽視對核心業務的維護，無法為驅動增長提供資金支持，基礎業務上沒有護城河，這種公司最大的危險在於資金鏈斷裂。

第三種是增長乏力者，這種公司有一定的業務基礎，可能也形成了自己固有的一批客戶群，但是在激烈的競爭環境下形成不了自

| | 撤退線 | 成長底線 | 增長線 | 爆發線 | 天際線 |
|---|---|---|---|---|---|
| 囚徒困局者 | X | X | X | X | X |
| 本末倒置者 | X | X | V | V | V |
| 增長乏力者 | V | X | X | X | X |
| 好高騖遠者 | X | X | X | V | V |
| 多元困境者 | X | X | V | X | V |
| 卓越領袖者 | V | V | V | V | V |

圖　企業的6種增長態勢

己的壁壘，或者護城河後的利潤區並不大，他們受困於核心業務不
夠強或者基礎薄弱，未來增長機會有限。

　　第四種是多元困境者，他們的業務護城河還沒有坐穩，不斷在
增長線上投入，哪兒有機會哪兒擴張，但是這些業務之間缺乏連接
的基礎。

　　最後一種是卓越領袖者，這種公司在增長五線上都有佈局，有
增長基石，有增長地圖，也有在這基礎上可以實現飛躍的爆發因
子。

　　在成長底線向增長線，尤其是天際線走的時候，很多公司會從

以前的業務中孵化出更多的業務，這之間的切換，容易發生一個典型的增長錯誤，即多元化困境，這即是賈躍亭時代下樂視所走的一步錯棋。

　　在本書第一章的開頭，我給出過的一個增長公式即：企業增長區＝總體經濟增長的紅利＋產業增長紅利＋模式增長紅利＋營運增長紅利。總體經濟向好時，企業應該在鎖定底線的基礎上，加快增長線佈局，找到業務與總體經濟正向波動的業務領域，果斷進入。

　　而產業增長紅利出現的時候，應該抓住風口的爆發點，底線一旦設計完成，要加快從增長線切換到爆發線，速度第一，完美第二，快速佔領各個領域的入口。2016年，整個短視頻行業蓬勃發展，進入該行業的企業以指數級上升，並呈現爆發狀態，被稱為「次世代的圖文」。這是訊息載體在互聯網時代的新發展，用戶在短視頻上的消費總時長與圖文總時長相比，前者超過726億分鐘，是後者的1.33倍，基於這個前瞻性預測，今日頭條團隊迅速把基於短視頻形式的內容生產和分發提升至策略高度。今日頭條迅速佈局，以短視頻為核心競爭力，打造出更為完整同時更具差異化的產品矩陣，同時投入10億元作為頭條App上短視頻創作者的補貼。今日頭條可能是互聯網第二梯隊「TMD」裡，甚至是中國年輕一代的新生互聯網企業中，最沒有邊界的一個，但是其增長核心都在用

戶和流量的佔領上。

　　當總體經濟和產業增長紅利趨緩時，企業更多拚的是模式和營運的增長。以「茅臺酒」為例，在白酒整體消費趨緩時，茅臺開始發展電商業務，從B2C的電子商務業務發展到集B2B、B2C、O2O和P2P等行銷模式於一體的茅臺雲商，借助大數據和物聯網思維，融合線上、線下通路，實現與消費者更精準地對話互動。並且目前依靠線上雲數據連接了2800餘家經銷商，打造物聯網雲商交易平臺，這不僅提高了茅臺的核心競爭力，對其品牌影響力和市場佔有率也有非常大的促進。

# 增長五線對企業的指導意義

　　五根線之間的切換真正反映出策略增長節奏的重要。企業可以依據自己在五根線上的佈局、現狀來判斷自己增長的核心和底牌是什麼。在管理學領域有著名的企業生命週期理論，白伊查克・愛迪思（Ichak Adizes）提出，模擬人從嬰兒到老年的生長週期，把企業也定義為孕育期、嬰兒期、學步期、青春期，最後一直到崩潰死亡期，這種以週期切入的視角，讓CEO和領導層開始關注系統自身的變化與外部環境的策略共振，正如伊查克・愛迪思在《企業生命

週期》（Corporate Lifecycles）一書中所說：「如果公司的能量徒勞無益地耗費在試圖清除讓變化發生的障礙上，那麼它就會遭遇異常問題。領導者的作用不是防止系統分離崩潰，相反，是去管理那些導致系統分離崩潰的變化，然後將系統重新整合為一個新整體。」

　　可是也如阿里巴巴前參謀長曾鳴教授所言，管理學家經常被嘲笑為歷史學家，只會做事後諸葛亮一般的總結。的確，如果企業家們依據愛迪思的生命週期理論，去判斷自己的企業週期，去判斷自己是在學步期、青春期，還是壯年期，其實過於紙上談兵，因為最核心的是，生命週期的拐點很難判斷。我們以騰訊和百度為例，這兩家公司創立的時間在同一個互聯網週期，但是如果讓你去判斷這兩家公司的生命週期，我想沒有專家能給出令人信服的答案。生命週期的理論看起來有道理，但是在重要的環節──如何判斷生命週期拐點的上，難以形成一致性的意見，企業組織畢竟和人有根本的差異性：人的壽命區間可以按照哺乳動物的壽命規律估算，即是其生長期的 5 倍至 7 倍，也就是以 120 歲為當前上限。但是組織不一樣，日本的企業金剛組創辦於公元 578 年，至今持續經營了近 1500 年之久。

　　增長五線可以給予企業家另一個視角，正如哲學家黑格爾所言──「邏輯與歷史的統一是辯證邏輯的方法之一」，原有的企業生命

週期理論看到了企業增長的歷史，而邏輯不足。這也是為什麼市場行銷理論中亦有「產品生命週期理論」，此理論把一個企業的產品上市分為導入期、成長期、成熟期和衰退期，但在真實的行銷世界裡，該理論的意義不大，核心原因也在於對週期轉折點的判斷並不容易。是不是好的企業、是不是有增長性的企業，關鍵不在於哪個週期之中，而在於其業務底線牢固不牢固，有沒有不斷思考新的增長路徑。企業在從優秀走向卓越過程中，關鍵要看它是否在尋求數位時代換道超車下的爆發，以及企業家用「做不可能的事」的情懷跨越天際線。

我們應該要用歷史與邏輯的眼光來看增長，要用系統和動態的戰法構建增長。以前的策略管理理論，很大篇章在強調願景、使命的重要性，讓這些激動人心並賦予崇高責任的夢想去激勵企業增長，但是正如著名的財經作家吳曉波早年在一篇雄文〈被誇大的使命〉中所言：「任何價值都不應該被低估，任何使命也不應該被誇大。」中國的大部分企業家都會去暢想遠景，但更重要的是給這些「遠景」、「願景」設定一個錨，把企業增長的節奏變成一個可以邏輯化設計的、可以進行推演的劇本，讓企業的終極價值追求可視化。日本一橋大學國際企業策略研究院教授楠木建有一本策略經典書叫做《策略就是講故事》，楠木建在書中說，「故事」不是「行動表」、不是「法則」、不是「最佳實踐」、不是「模擬」，也不是「遊

戲」。從企業底線一直到天際線的邏輯以及增長路徑的設計，可以讓企業家把願景變成增長故事，並且還可以是一個動態的、指向終極價值追求的「電影劇本」。

我也期望於增長五線能在麥可・波特五力模型以及蓋瑞・哈默爾核心競爭力理論上實現進一步探索。很多企業家和諮詢專家認為，數位化時代下麥可・波特的五力競爭模型失效了，這點我不敢苟同。

麥可・波特是我最尊重的策略大師，我曾於2017年專門去哈佛商學院拜訪他。波特五力模型的簡單精美，如理論天才般的作品，我認為至今在策略學學說上無理論可出其右。但是企業界浮現出來的新問題是，競爭不是目的，而是手段，競爭優勢也不一定必然帶來增長。波特五力模型可以回答一些公司為什麼有優勢，但是不能讓企業看到自己的爆發線和天際線（當然這也不是波特五力模型指向的目的）。

另外，基於產業結構所發展出來的策略理論，在今天數位的時代下，缺乏一定的動態性，同時強調產業結構大於客戶，但事實，今天客戶的主導權卻越來越大。至於蓋瑞・哈默爾和普拉・哈拉德提出的核心競爭力理論，在該理論提出後一直不斷受到質疑，甚至《麥肯錫管理論叢》中專門有一期談「亦真亦幻的核心競爭力」，認為這個概念從邏輯上就是種循環解釋。2018年9月，在「海爾」集

團第二屆「人單合一模式」國際論壇上，蓋瑞‧哈默爾上臺拋出的演講PPT稿中有一頁竟然是「企業的核心能力缺陷」，他提出核心能力的缺陷表現在「惰性、漸進式增長、不人性化」，而這些正是增長五線要解決的問題。

　　增長五線對於投資人判斷企業的價值也有參考意義。我們在第三章中論述成長底線時，也引入了巴菲特關於「經濟護城河」的概念，巴菲特依據這個投資法則，有效投資了可口可樂、西南航空公司、美國運通、卡夫亨氏、富國銀行等，從1965到2017年，巴菲特的波克夏投資公司的複合年增長率達到20.9％，超過標普500指數的9.9％。但是按照增長五線中的設置，「經濟護城河」的核心其實在於建壁壘，對增長期權沒有給出過多的重視。所以巴菲特完美錯過了Google、錯過了亞馬遜，高科技互聯網公司列車就從巴菲特的眼前開過，而他沒有上車。巴菲特也意識到這個問題，他直接表態：「我在Google和亞馬遜上做了錯誤決定。我們曾經考慮投資。我犯了一個錯誤，就是沒有做出決定。」而這些以客戶資產和數據連接的科技公司，如果在投資時一方面考慮到他們的「護城河底線」，另一方面關注他們的增長期權，判斷他們的「天際線」所在，價值評估的區間可能完全不一樣。企業家和創業者們如果能夠給資本路演時，把願景和佈局以增長五線演示，也更能讓資本信服，讓資本把子彈遞給企業去燃燒激情與夢想。

　　本書的最後，我們還是回到此書開篇所提到的問題——在「增長」已經放入CEO議程的基礎上，務求如何讓增長實踐。好的策略，一定是以增長為基礎的策略，好的行銷，也一定是以實現增長為結果的行銷。策略的宏觀性和行銷的微觀性，使得高階主管們在討論宏大藍圖和微觀洞察時發生了失衡，以市場為核心的增長策略是可以承擔這樣的使命與責任的。增長五線，與其說是給高階主管們思考問題的一個工具，不如說是一種分解增長實踐的思維，也正如我在開篇中提到的理查德‧魯梅爾特的觀點，與其問CEO「你的公司有策略嗎？」不如去問他「你的公司有好策略嗎？」增長也是如此。

　　在今天增長這個詞語開始成為企業界最熱的話語體系時候，我們也可借用理查德‧魯梅爾特之問——「你的公司有好的增長嗎？」而好增長的背後，是有可進可退的「撤退線」設計，是有奠定公司發展基礎的「成長底線」規劃，是有未來所有擴張路徑集合的「增長線」的呈現，是可能一夜獲得指數級發展的「爆發線」構想，也是跨越卓越之牆的「天際線」的正確姿勢。

　　我想，這就是我這本書寫作的意義——盡我之力回答出什麼是「好的增長」。

# 增長的策略地圖(二版)

## 畫好「增長五線」──面對未知，企業的進取與撤退經營邏輯

© 王賽 博士，2019

中著作繁體版通過北京山頂視角科技有限公司授予大雁文化事業股份有限公司 大寫出版事業部獨家出版發行，非經書面同意，不得以任何形式，任意重製轉載。

---

書系｜使用的書 In Action!　書號｜HA0091R

著　　　者　王賽
行銷企畫　廖倚萱
業務發行　王綬晨、邱紹溢、劉文雅
總 編 輯　鄭俊平
發 行 人　蘇拾平

出　　版　大寫出版
發　　行　大雁出版基地
　　　　　www.andbooks.com.tw
　　　　　地址：新北市新店區北新路三段207-3號5樓
　　　　　電話：(02) 8913-1005　傳真：(02) 8913-1056
　　　　　劃撥帳號：19983379　戶名：大雁文化事業股份有限公司

二版一刷　2024年6月
定　　價　新台幣360元
版權所有・翻印必究
ISBN 978-626-7293-62-1
Printed in Taiwan・All Rights Reserved
本書如遇缺頁、購買時即破損等瑕疵，請寄回本社更換

---

國家圖書館出版品預行編目 (CIP) 資料

增長的策略地圖
畫好「增長五線」──面對未知，企業的進取與撤退經營邏輯／王賽 著
二版｜新北市：大寫出版：大雁出版基地發行，2024.06，240 面；14.8*20.9 公分
使用的書 In Action!　；HA0091R
ISBN 978-626-7293-62-1（平裝）

1.CST: 企業經營　2.CST: 企業策略

113004933

in Action!
使用的書